普洱民族民间药食指南

普洱市中医医院编著

U0272642

云南出版集团

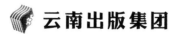
云南科技出版社

·昆明·

图书在版编目（CIP）数据

普洱民族民间药食指南 / 普洱市中医医院编著 . -- 昆明：

云南科技出版社 , 2018.12

ISBN 978-7-5587-1930-1

Ⅰ.①普… Ⅱ.①普… Ⅲ.①药用植物—云南—指南

Ⅳ.① R282.71-62

中国版本图书馆 CIP 数据核字 (2018) 第 297182 号

书　　名：普洱民族民间药食指南
普洱市中医医院　编著

责任编辑：胡凤丽　杨　雪　唐　慧
封面设计：普树文
责任校对：张舒园
责任印制：蒋丽芬

书　　号：ISBN 978-7-5587-1930-1
印　　刷：普洱方华印刷有限公司（0879-2124571）
开　　本：787mm×1092mm　1/16
印　　张：6.5
字　　数：76 千字
版　　次：2018 年 12 月第 1 版第 1 次印刷
定　　价：68.00 元

出版发行：云南出版集团公司　云南科技出版社
地　　址：昆明市环城西路 609 号
网　　址：http://www.ynkjph.com
电　　话：0871-64190889

《普洱民族民间药食指南》编委会

前 言
Qian Yan

端午食"药根" 养生在普洱

中共普洱市委副书记　陆平

习近平总书记指出："要结合新的时代条件传承和弘扬中华优秀传统文化，传承和弘扬中华美学精神。"中国传统节日多种多样，是我中国悠久历史文化的一个重要组成部分。端午节，与春节、清明节、中秋节并称中国民间四大传统节日之一，是中国首个入选非物质文化遗产的节日。在中国的很多地方，吃粽子，食药根，饮药酒，洗药浴，佩戴香包、划龙舟等等，是端午节的普遍习俗。在云南普洱，当地人过端午除了吃粽子以外，更重要的主角是各种各样的药根，经过巧手搭配和加工，药根变成了人们在端午节无法抗拒的美食。仲夏新雨后，满城药根香。端午时节，如果你来到普洱，便能感受到空气中弥漫着的草药香味。城乡集贸市场中，众多草药摊紧紧相连，市民们精挑细选着自己中意的药材，热闹程度不亚于过年。

普洱市位于云南省西南部，境内森林茂盛，物种繁多，是全国生物多样性最丰富的地区之一，被联合国环境署称为"世界的天堂，天堂的世界"。由于原生态保持较好，森林茂盛，物种繁多，已知药用植物 1000 多种，民间流传着"一屁股坐下三棵药"的俗语，素有"云南核心药库"之美誉。极其丰富的药用植物资源为"端午吃药根"提供了物质条件。

在长期的生活实践中，各种文化互相渗透和影响，相互融合，在对环境、气候等因素对人体疾病、病机影响不断认知的进程中，逐渐形成了融合汉文化祭奠屈原、缅怀华夏民族英雄端午吃粽子和当地少数民族利用大量应季鲜药上市食"药根"的颇具民族地域特色的端午习俗，通过药膳食疗的方法起到防病、驱邪、保健作用。食用的"药根"，大部分是药食同源的植物，包括植物的根、茎、花、叶、果实等部位。端午节前后十多天食用由多种新鲜"药根"混合熬制的肉汤,比如用"药根"与土鸡、猪蹄、排骨、火腿炖食煮汤,寓意是"端午吃药根,一年到头不吃药","吃一回,管一年","五月五,换肠肚"等,既有补足正气强壮身体的作用,又有防病祛邪的功效。

随着大众传播媒介的发展,普洱市端午节期间独具特色的食"药根"习俗被越来越多人认知和接受,不少游客慕名前来普洱,品味"药根"美食,体验"药根"文化。但是,普洱城乡大小集贸市场上琳琅满目的中草药,多为农民赶集时自发进行的药材交易,药材来源广泛,不同地区之间存在"同名异物""同物异名"等现象,甚至药市出售的某些植物如商陆、苦天茄、大黄藤、萱草、地不容等具有一定的毒性,盲目选择药根膳用,不但达不到治未病养生的效果,还可能会引起机体功能的损伤。

为进一步发扬普洱端午食"药根"文化,促进端午药市的健康发展,达到食"药根"预防疾病、养生的目的,以及为科学研究及开发利用提供依据,2015 年至 2017 年,普洱市中医医院组织专业人员对普洱市药市、药农、药商、采购者及民间民族医药学者等进行了走访咨询、调研,对品种认真考证,确定了端午药市交易中各种药材的药品来源、用药部位、性味、归经、主要功效、别名、民族药名、药疗和食疗方法、使用注意事项等内容。经过医药学专家反复讨论,几易其稿,最终编写成了这本《普洱民族民间药食指南》,希望本书能为广大消费者正确辨识和合理选择服食药市鲜药起到积极的指导作用,同时也对普洱端午药市和端午吃"药根"民族风俗的健康发展和进一步对药物成分、药理作用、新药研发和药物种植等具有重要意义。

目 录
Mu Lu

白 糯 消
Bainuoxiao

[来源] 为远志科植物荷包山桂花 *Polygala arillata* Buch.-Haex D.Don 的根入药。

[别名] 小鸡花、鸡肚子果、观音倒座、鸡肚子根。

[生长环境] 生于海拔1400~2400米的山坡林下或林缘。

[药性] 甘，温。

[功效] 祛风除湿，补虚消肿，调经活血。

[药用方法]

失眠 白糯消15克，茯神15克，水煎服。

[普洱民间食用方法]

治病后体虚，产后血亏，见头晕，乏力，气短 白糯消15克炖猪瘦肉。

薄 荷
Bohe

[来源] 为唇形科植物皱叶留兰香 *Mentha crispata* Schrad.ex Willd.的全草入药。

[民族药名] 彝族：梳帕、拨豪；哈尼族：安机把多。

[别名] 皱叶薄荷、南薄荷、滇南薄荷、毛薄荷。

[生长环境] 多在海拔2000米以下，家种或野生。

[药性] 辛，凉。归肺、肝经。

[功效] 祛风解表，和中，理气。

[药用方法]

1.**感冒发热** 薄荷6克，金银花、连翘各10克，荆芥3克，水煎服。1日1剂，1日3次。

2.**咽喉肿痛** 薄荷6克，桔梗、甘草各3克，僵蚕10克，荆芥5克，水煎服。1日1剂，1日3次。

[普洱民间食用方法]

1.**感冒发热、咳嗽** 鲜薄荷50克，鸡蛋3个。取适量的水烧开，打入鸡蛋，搅匀，等水再次沸腾之后，加入洗净切制好的薄荷，文火煮5分钟，加入油盐等调料即可。宜2~3人食用。

2.**咳嗽不止** 薄荷10克，柴胡花、红糖、黑竹叶、糯米各30克，水煎服。宜1~2人食用。

3.**咽喉疼痛，声音嘶哑** 薄荷30克，粳米100克，冰糖适量。将薄荷汤煮汤备用。粳米煮粥，待粥将熟时放入冰糖适量及薄荷汤，再煮一二沸即可。宜2~3人食用。

[使用注意] 孕妇勿过量食用；阴虚发热者慎用。

白 及
Baiji

[来源] 为兰科白及属植物白及 *Bletilla striata* (Thunb.) Reichb.f.的块茎入药。

[民族药名] 彝族：并猛、他尼莫白里、耶若资然若、边优；哈尼族：米查哈塞。

[别名] 白鸡、小白鸡、白及。

[生长环境] 生于海拔800~2200米的常绿阔叶林下、栎树林或针叶林下、路边草丛或岩石缝中。

[药性] 苦、甘、涩，微寒。归肺、胃、肝经。

[功效] 收敛止血，消肿生肌。

[药用方法]

1.胃肠道出血 白及研粉，每次5克冲服，1日3次。

2.肺结核咳血 白及50克，川贝10克，百合100克，研细粉，每次服用3~5克，每日2~3次。

[普洱民间食用方法]

1.久咳 白及粉5~10克，加鸡蛋1~3个炖服。宜1~2人食用。

2.胸痛、咳嗽、咯脓血 白及20克，蒲公英5克，金银花5克，糯米50克煮粥。1日1剂，早晚两次分服。

3.久咳、咳血 白及粉5克，紫皮大蒜30克，大米60克。将紫皮大蒜去皮，放沸水中煮约1分钟后捞出，将大米、白及粉放水中煮成粥，再放入大蒜共煮。宜1~2人食用。

[使用注意] 不能与川乌、制川乌、草乌、制草乌、附子同时服用。

白 茅 根
Baimaogen

[来源] 为禾本科植物白茅 *Imperata cylindrica* Beauv.var. *major* (Nees) C. E. Hubb.的根茎入药。

[民族药名] 彝族：诗拨蛍基。

[别名] 茅根、白花茅根、地节根、茅草根、甜草根。

[生长环境] 生于海拔300~2500米的山地、坡地、林缘。

[药性] 甘，寒。归肺、胃、膀胱经。

[功效] 凉血止血，清热利尿。

[药用方法]

1.吐血，咯血　白茅根30克，仙鹤草、小蓟、生地黄各15克，水煎服。1日1剂，1日3次。

2.乳糜尿　鲜白茅根250克，荠菜30克，马鞭草20克，水煎服。每日1剂，1日3次，连服3~5剂。

[普洱民间食用方法]

1.麻疹　鲜白茅根不拘量，水煎代茶饮，疹未透者轻煎，疹已透者浓煎。热毒火盛，取鲜白茅根30~60克，和等量荸荠皮，水煎代茶饮。

2.肝炎　白茅根15克，田基黄15克，马蹄草15克，葛根30克，三叶树根30克，猪蹄1只。田基黄、马蹄草用纱布包，放锅中和其他三味药及猪蹄加水煮熟后，喝汤食肉，每7天服1次，连服7次。

3.心烦身热、流鼻血、咳嗽或痰中带血　鲜白茅根200克，猪瘦肉250克，陈皮5克，雪梨4个，猪肺1个。猪肺洗净，放入开水中煮5分钟，雪梨切块，白茅根切段，陈皮用水泡软。余料一起放入汤煲，先大火煲滚后，再改用小火煲约2小时即可。宜3~5人食用。

[使用注意] 脾胃虚寒，尿多不渴者忌服。

百 合
Baihe

[来源] 为百合科植物卷丹*Lilium lancifolium* Thunb.的干燥肉质鳞茎入药。

[民族药名] 哈尼族：罗样。

[别名] 菜百合、蒜脑薯。

[生长环境] 生于海拔1100~2700米土壤深厚的林边、草丛中或人工栽培。

[药性] 甘，寒。归心、肺经。

[功效] 养阴润肺，清心安神。

[药用方法]

1.心悸失眠 百合12克，炒酸枣仁、首乌藤各15克，远志、柏子仁各10克，水煎服。

2.百日咳 百合研粉，每次3克，每日3次，红糖水冲服。

[普洱民间食用方法]

1.久咳 百合20克，猪瘦肉300克，葱、姜、盐适量。猪瘦肉、葱、姜洗净剁细拌匀，盛入炖碗，加入洗净的百合一同炖煮，熟后连渣带汤一起服用。

2.头昏、头晕 百合鲜品50克，鸡蛋1个，与鸡蛋蒸服。宜1~2人食用，1日1次。

[使用注意] 风寒感冒忌用。

草 血 竭
Caoxuejie

[来源] 为蓼科植物草血竭*Polygonum paleaceum* Wall. ex Hook.f 的根茎入药。

[民族药名] 傣族（德傣）：乐丕专；彝族：维莫兵拉。

[别名] 回头草、弓腰老、地蜂子、草子。

[生长环境] 生于海拔1350~4200米的草坡、山谷、沟边、林下、林缘等地。

[药性] 涩、苦，平。归心、肝、肾、胃、肠经。

[功效] 破瘀，消肿，调经止血，消食。

[药用方法]

1.跌打损伤 草血竭10克，大树一号10克，土大黄炭10克。研末内服，每次3克，每日3次，连服3日。

2.胃炎，胃脘气滞，疳积，十二指肠溃疡，痢疾，食积 草血竭5~15克，水煎服。1日1剂，1日3次。

[普洱民间食用方法]

1.翼状胬肉 草血竭3克，鸡蛋2个。取草血竭研磨细，打入鸡蛋，蒸吃。宜1~2人食用。

2.肺结核见咳嗽、咯血 草血竭、桑白皮、白茅根、鱼腥草、藕节各20克，炖肉吃。宜1~3人食用。

车 前 草
Cheqiancao

[来源] 为车前科植物平车前*Plantago depressa* Willdenow的全草入药。

[民族药名] 彝族：自勒煎；拉祜族：咧哟、娃娜纳布柯垒解。

[别名] 车串串、小车前、直根车前。

[生长环境] 生于海拔750~2950米的荒地、山坡草地或灌丛中。

[药性] 甘，寒。归肝、肾、肺、小肠经。

[功效] 清热利尿通淋，祛痰，凉血，解毒。

[药用方法]

1.感冒 车前草20克，陈皮10克，水煎服。1日1剂，1日3次。

2.高血压 车前草、鱼腥草各50克，水煎服。1日1剂，1日3次。

[普洱民间食用方法]

1.肾结石见尿频、尿急、尿痛 车前草60克，煎水代茶饮。

2.麻疹出不透 车前草30克，黄果皮20克，猪肝100克煎服。宜2~3人食用。

3.痔疮伴口干、口苦、大便难解 车前草30克，马齿苋60克，蜂蜜20毫升。将马齿苋、车前草洗净，入锅，加适量的水，煎煮30分钟，去渣取汁，待药汁转温后调入蜂蜜，搅匀即可。糖尿病患者慎服。宜2~3人食用。

[使用注意] 气血虚弱、肾虚体弱者慎服。

赤 小 豆
Chixiaodou

[来源] 为豆科植物赤小豆*Vigna umbellate* Ohwi et Ohashi或赤豆 *Vigna angularis* (Will.)Ohwi et Ohashi的干燥成熟种子入药。

[民族药名] 彝族：持得；傣族（德傣）：兔丙、兔丙眼。

[别名] 红小豆、饭豆、米豆、赤豆。

[生长环境] 对土壤要求不高，耐瘠薄，黏土、沙土都能生长，川道、山地均可种植。

[药性] 甘、酸，平。归心、小肠经。

[功效] 利水消肿，解毒排脓。

[药用方法]

1.胆囊炎 赤小豆30克，高粱叶50克，水煎服。每日2~3次。

2.前列腺炎 赤小豆30克，薏苡仁40克。水煨糖少许调味，分2次服完，常服有效。

3.黄疸 赤小豆、白茅根、西瓜皮各30克，水煎服。每日2~3次。

[普洱民间食用方法]

1.肝硬化腹水 赤小豆500克，活鲫鱼1条（重500克以上）。鱼洗净，与赤小豆放锅内加2000～4000毫升水清炖，炖至鱼熟豆烂后食用，服用期间应忌盐。宜1~3人食用。

2.**利水消肿，除湿，降血压** 赤小豆、玉米各100克，糯米400克。先将玉米、赤小豆、糯米用常温水分别浸泡过夜。次日把玉米、赤小豆煮沸3～5分钟，取玉米、赤小豆与糯米混匀，将饭蒸熟即成。中、晚餐食用，每次50~100克。宜1~3人食用。

3.**急、慢性肾炎** 鲤鱼1条，赤小豆300克，大蒜适量。鲤鱼去内脏留鳞，大蒜、赤小豆填入鱼肚，以填满为度，封扎鱼肚口，蒸熟后，可蘸少许糖醋食用，不加盐，分次食之。连用5～7日。

4.**贫血** 赤小豆20克，花生米、红糖各30克，小米50克，煮粥吃，每日1~2次。

[**使用注意**] 禁食霉烂、变质的赤小豆。体瘦者忌多食久食。

臭 灵 丹 草
Choulingdancao

[来源] 为菊科植物翼齿六棱菊 *Laggera pterodonta* (DC.)Benth.的根或全草入药。

[民族药名] 佤族：阿都；拉祜族：细臭灵丹那此。

[别名] 狮子草、臭叶子、六棱菊、山林丹、野腊烟。

[生长环境] 生于海拔100~2500米的向阳坡，村边草丛中。

[药性] 辛、苦，寒；有毒。归肺经。

[功效] 清热解毒，止咳祛痰。

[药用方法]

1.上呼吸道感染、扁桃腺炎、口腔炎、防治流感 臭灵丹9~15克，水煎服。

2.截疟 臭灵丹尖7个。捣汁点烧酒服。

3.治腮腺炎 鲜臭灵丹，捣烂敷患处。

[普洱民间食用方法]

1.**痢疾见腹痛、腹泻、脓血便** 鲜臭灵丹20克，紫米100克，先将鲜臭灵丹洗净，加适量冷水，煎煮20分钟左右，捞出臭灵丹，药液备用，紫米淘洗后加药液放入锅中，用武火煮沸后用文火煮40分钟至紫米熟烂成粥即可，宜1~2人食用，连食3天。

2.**上火引起的头昏、头晕** 臭灵丹根、棕树心各30~50克，猪蹄1只，以上两味药洗净切段，与猪蹄一起煮熟，食肉喝汤，宜3~4人食用，每日食1次。

[**使用注意**] 脾胃虚寒者慎用。

赪 桐
Chengtong

[来源] 为马鞭草科赪桐属植物赪桐*Clerodendrum japonicum* (Thunb.) Sweet 的全草入药。

[民族药名] 傣族：宾亮；拉祜族：开奴马。

[别名] 红花臭牡丹、红花野牡丹、急心花、红牡丹。

[生长环境] 生长于海拔100～1600米的路边、灌木丛、疏林缘灌丛中。

[药性] 甘，温。归肺、肝经。

[功效] 清热止咳，止血调经，活血散瘀。

[药用方法]

1.**风湿关节炎、偏头痛** 赪桐10~15克，水煎内服。

2.**风疹、湿疹、皮肤瘙痒** 赪桐30克，水煎煮外洗。

[普洱民间食用方法]

月经不调见月经过多 赪桐全株 30 克，或花 20 克，鸡肉或猪脚 500 克，赪桐洗净切段，与鸡肉或猪脚块同放锅中，加适量姜、草果、盐调味，煮熟即可。赪桐花 20 克，鸡蛋 2~3 枚炖服。宜 3~4 人食用。

[使用注意] 脾胃虚寒者慎用。

大 蓟
Daji

[来源] 为菊科植物大蓟 *Cirsium japonicum* DC. 的根入药。

[民族药名] 彝族：除巧景；傣族：芽先多。

[别名] 鸡刺根、鸡脚根、刺尖刀、滇大蓟。

[生长环境] 生长于山坡，草地，路边。

[药性] 甘、苦，凉。归心、肝经。

[功效] 凉血止血，祛瘀消肿。

[药用方法]

1.**热结血淋** 大蓟鲜根30～90克。洗净，捣碎，冲开水炖1小时，饭前服，日服3次。

2.**外伤出血** 大蓟根，研成极细末，敷患处。

[普洱民间食用方法]

1.**心慌、心跳、乏力** 大蓟、补冬根、生藤、急心黄鲜品各100克，生姜8克，砂仁叶10克，鸡1只。补冬根、大蓟、生藤洗净切段、急心黄洗净、备用。鸡宰杀洗净，沥干切块，备用。将备好的药材、肉料放入锅内同煮，煮沸后去浮沫，用小火煮2小时后食用即可。宜3~4人食用。

2.**胃痛、腹痛** 鲜大蓟、鲜茴香根各100克，母鸡1只，将大蓟、茴香根、母鸡洗净切制后加水适量，慢火炖，食药吃肉喝汤。宜3~4人食用。

大 百 解

Dabaijie

[来源]　为萝摩科南山藤属植物苦绳 *Dreagea sinensis* Hemsl. 的根、茎入药。

[民族药名]　傣族：雅解先打。

[别名]　苦绳。

[生长环境]　生于疏林及灌丛中。

[药性]　苦，寒；有小毒。归心、胃、大肠经。

[功效]　清火解毒，消肿止痛。

[药用方法]

1.疟疾　大百解25克，小红蒿、接骨树、木香、生藤、三台红花、生姜、高良姜各20克，胡椒15克，茴香子50克，混合研细，备用。成人每次5克，小儿每次1~2克，每日3次冲服。

2.胃病　大百解50克，砂仁50克，白酒500毫升，泡1周后服，日服3次，每次20毫升。

[普洱民间食用方法]

1.各种上火症　大百解300克，白酒3000毫升。将大百解浸入白酒中，浸泡1个月左右，滤液饮用，每次30~60毫升，1日2次。

2.咳嗽、咳痰　大百解9克，仙鹤草10克，朝天罐10克，益母草15克，苏木6克，墨旱莲8克，重楼8克，紫河车适量（烘干研末）。前面7种药材用水煎好，兑紫河车内服，每日1剂。

当 归
Danggui

[来源] 为伞形科植物当归 *Angelica sinensis*（Oliv.）Diels的根入药。

[民族药名] 彝族：得那；
傣族（德傣）：牙伦借列。

[别名] 干归、马尾当归、
马尾归。

[生长环境] 生于海拔800～
1500米的丛林中。

[药性] 甘、辛，温。归肝、
心、脾经。

[功效] 补血活血，调经止
痛，润肠通便。

[药用方法]

1.**痛经** 当归15克，益母草
30克，生姜3克，红糖适
量，水煎温服。1日1剂，1日2～3次。

2.**大便不通** 当归、白芷各100克，研末，每次服10克，用米汤冲
服，1日2次。

3.**气虚血亏，体倦乏力，头昏** 当归10克，黄芪60克，煎水饮。

[普洱民间食用方法]

1.**补血养颜** 鲜当归100克，桂圆肉100克，鸡1只（约500克）。将
当归、桂圆、鸡肉洗净，切制，一同放入锅中，文火炖1小时左
右，调味服食。宜3～5人食用。

2.**气血亏虚所致的身体虚弱、头晕目眩、失眠健忘** 鲜当归50克，
桑葚30克，鸡肉500克，枸杞子30克。以上药材洗净备用，鸡肉
洗净，斩块，入沸水锅中焯水后捞出洗净。砂锅加水适量，加入
鸡肉、当归、桑葚、枸杞子及调味品，炖2小时左右，吃肉喝汤
即可。宜3～5人食用。

3.**月经不调见月经量少、经期延长等** 鲜当归50克，猪瘦肉250克，红花10克，红枣10枚。将猪肉洗净，切片，备用。把全部用料放入锅中，加清水适量，文火煮2小时，调味后即可食用。

4.**各种虚证** 当归、铁皮石斛、党参、葛根各30克，红枣20枚，母鸡1只（约500克）。将上述药材洗净，加入适量的冷水将药材煮沸，将母鸡去毛及肠肚，洗净、切块，放入油盐、草果2个、姜等，炒熟，再将鸡与药材混合后置于文火上煮1～2小时即得。每周1次。宜3～5人食用。

[**使用注意**] 热盛出血患者禁服，湿盛中满及大便溏泄者慎服。

党 参
Dangshen

[来源] 为桔梗科植物党参 *Codonopsis pilosula* (Franch.)Nannf 的根入药。

[别名] 潞党参、西党、纹党、台党。

[生长环境] 生于海拔2300米左右的地区。多在沙壤土中栽培。

[药性] 甘，平。归脾、肺经。

[功效] 补中益气，健脾益肺。

[药用方法]

1.**益肺助元，开声助音** 党参500克，南沙参250克，龙眼肉200克，煎成膏，空腹用水冲服。1日服3次，1次15克。

2.**久泻及产后气虚脱肛** 党参10克，白术（净炒）、肉豆蔻霜、茯苓各7克，怀山药（炒）10克，升麻（蜜炙）3克，炙甘草3.5克，生姜2片，水煎服。1日1剂，1日2~3次。

[普洱民间食用方法]

1.**补气血，调血压** 党参16克，山楂12克，紫米120克。将山楂洗净、去核、切片，党参洗净、切片，紫米淘净，再将三者放入锅内，加水1000毫升，置于武火上烧沸后用文火煮1小时即成。早餐食用，每次100~150克。宜2~3人食用。

2.**各种虚症：见头昏、乏力、气短、心悸、纳差等** 党参9克，山楂15克，芦谷米30克，红枣15枚，糯米200克，白糖适量。先将芦谷米浸泡过夜；将山楂、党参、红枣放入锅内，加水泡发，然后煎煮30分钟左右，捞出山楂、党参、红枣，药液备用；把芦谷米、糯米、药液放入锅内，用武火煮沸后用文火煮30分钟加适量白糖调味即成。每日1~2次，每次100克。

3.**产后水肿** 鲜党参120克，绿头白鸭1只。将鸭去肠和毛，党参放入鸭肚内，用砂锅煮熟，不放盐。分次服。

4.**小儿百日咳恢复期** 党参9克，核桃仁15克。加水煎取药汁，每日1剂，分1~2次食用。

[使用注意] 气滞者禁用，正虚邪实者不宜单独用。不宜与藜芦同时服用。

滇 黄 精
Dianhuangjing

[来源] 为百合科植物滇黄精*Polygonatum kingianum* Coll.et Hemsl.
的根茎入药。

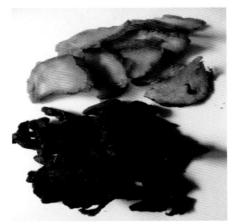

[民族药名] 哈尼族：呼布达尼；佤族：西格拿。

[别名] 马鞭梢、节节高、马尾参。

[生长环境] 生于海拔620~3650米的常绿阔叶林下、竹林下、林
缘、山坡阴湿处、水沟边或岩石上。

[药性] 甘，平。归脾、肺、肾经。

[功效] 补气养阴，健脾，润肺，益肾。

[药用方法]

1.肺结核 滇黄精15克，鸡内金10克，水煎服。1日1剂，分2~3次
服。

2.各种慢性咳嗽 滇黄精15克，冰糖10克，水煎服。1日1剂，分
2~3次服。

[普洱民间食用方法]

1.病后体虚，四肢无力，食欲不振，子宫脱垂 鲜滇黄精30克，鸡
蛋1~2枚。鲜滇黄精切薄片、剁碎，加调好的鸡蛋调匀后放入蒸
锅，鸡蛋炖熟后即可，宜2~3人食用。

2.虚劳、肺痨咯血、筋骨软弱、风湿疼痛，助消化 鲜滇黄精100
克，新鲜山药100克，猪脚或火腿适量。配料洗净后，将滇黄精
洗净切薄片，放入山药与砍成块的猪脚或火腿，煮约1小时即
可，宜3~5人食用。

[使用注意] 中寒泄泻，痰湿痞满气滞者忌服。

大麻疙瘩

Damageda

[来源] 为胡椒科蒟子*Piper yunnanense* Y.C.Tseng的根入药。

[民族药名] 拉祜族：天棚草。

[别名] 芦子兰、芦子藤、麻疙瘩、土升麻。

[生长环境] 生于海拔1100~2000米的林中或湿润处。

[药性] 辛，温。

[功效] 舒筋活络，祛风散寒，行气止痛。

[药用方法]

1.**风寒感冒** 大麻疙瘩10克，木姜子15克，扫帚苗根15克，荆芥10克，紫苏叶10克，藿香10克，生姜、草果为引，水煎服。1日1剂，分3次服。

2.**风寒感冒发烧** 大麻疙瘩10克，盐酸木果根15克。草果为引，水煎服。1日1次，分3次服。

[普洱民间食用方法]

1.**风湿骨痛** 大麻疙瘩、老君丹、鱼子兰、通气草、茜草、接骨树、香樟木各15~30克，泡酒服，每次服用15~20毫升。日服1次。

2.**感冒、风湿骨痛** 鲜大麻疙瘩80克，母鸡1只。 将大麻疙瘩、母鸡洗净切制后，加水适量，砂锅文火慢炖，1小时后加盐适量即可。宜3~5人食用。

[**使用注意**] 孕妇慎用。

茯 苓
Fuling

[来源] 为多孔菌科真菌茯苓*Poria cocos* (Schw.) Wolf 的干燥菌核入药。

茯苓块

[民族药名] 傣族（德傣）：雅南伦；彝族：涛铺。

[别名] 茯苓块、赤茯苓、白茯苓。

[生长环境] 寄生于松科植物赤松或马尾松、思茅松等树根上，深入地下20~30厘米。

[药性] 甘、淡，平。归心、肺、脾、肾经。

[功效] 利水渗湿，健脾，宁心。

[药用方法]

1.各种消化不良引起的腹泻 茯苓15克，白术20克，水煎服，饭前服。1日1剂，1日3次。

2.佐治脱发 茯苓500克，研为末，开水冲服，每日3次，1次3克。1个月为1个疗程。

[普洱民间食用方法]

1.小儿食积、小儿疳积 茯苓50克，岩豆瓣、鹅不食草各10克，鸡肚、猪肚各适量，胡椒5~8粒，以上诸药研为末。拌入饭或其他食物中内服。每次5克，1日3次。

2.头昏 茯苓6克，鹿仙草8克研粉，鸡蛋1个炖服。宜1人食用。

3.腹胀、腹泻、消化不良 茯苓10克，新米50克。鸡内金两个（烧黄碾粉），生姜6克，煮成稀粥，吃时将生姜片丢掉，配上盐油即可服用。宜1~2人食用。

[使用注意] 肾虚多尿、虚寒滑精、气虚下陷、津伤口干者慎服。忌醋。

嘎哩啰树皮
Galiluo shupi

[来源] 为漆树科植物槟榔青 *Spondias pinnata* (Linn.f.) Kurz 的干燥树皮入药。

[别名] 槟榔青树皮。

[生长环境] 生于海拔360~1200米的低山或沟谷林中。

[药性] 酸、涩，凉。归肺、脾经。

[功效] 清火解毒，消肿止痛，止咳化痰，生肌敛疮。

[药用方法]

疔疮，疥癣 嘎哩啰树皮15~30克，水煎外洗。

[普洱民间食用方法]

感冒咳嗽 嘎哩啰树皮15~30克，水煎服。

[使用注意] 脾胃虚弱、食少便溏者慎用。

鬼 针 草

Guizhencao

[来源] 为菊科鬼针草属鬼针草 *Bidens pilosa* L. 的全草入药。

[民族药名] 哈尼族：则槽、策作；彝族：嫩施。

[别名] 鬼钗草、鬼黄花、山东老鸦草、婆婆针、盲肠草、跳虱草、豆渣菜、叉婆子、引线包、针包草、一把针、刺儿鬼、鬼蒺藜、乌藤菜、清胃草、跟人走、粘华衣、鬼菊、擂钻草、山虱母、粘身草、咸丰草、脱力草、权权草。

[生长环境] 生长于海拔820～2800米的山坡、草地、路边、沟旁和村边等荒地。

[药性] 苦、甘，微寒。归肝、肺、大肠经。

[功效] 解表清热，解毒散瘀。

[药用方法]

哮喘 鬼针草20克，天冬10克，百部15克，枇杷叶10克，陈皮10克，杏仁10克，水煎，内服。每日1剂，分3次服用，连服10日。

2.**支气管炎** 鬼针草1把（约20克），水煎服。1日1剂，分3次服。

3.**高血压** 鬼针草20克。水煎，常服。

4.**跌打损伤** 鲜鬼针草全草30～60克（干品减半）。水煎，另加黄酒50毫升，温服，每日1次，连服3次。

5.**蛇伤、虫咬** 鲜鬼针草全草60克，酌加水，煎成半碗，温服；渣捣烂涂贴伤口，每日2次。

6.**感冒、流感** 鬼针草、马鞭草各9克，水煎服。或鬼针草、防风各9克，水煎服。

[普洱民间食用方法]

1.**疟疾** 鲜鬼针草250～350克，鸡蛋1个煎汤，煮熟，吃蛋喝汤。

2.**急性肾炎** 鬼针草叶15克切细，鸡蛋1个，煎汤，加适量麻油或茶油煮熟食之，日服1次。

3.**胃热型胃痛** 鲜鬼针草全草45克，和猪肉120克同炖，调酒少许，饭前服。

4.**高血压引起的头昏** 鲜鬼针草60克，白菊花35克，核桃仁100克，薄荷30克，白芷30克，天麻100克。取白菊花、鬼针草、白芷、薄荷水煎。把核桃仁及天麻研粉，加红糖为引，用以上药送服，每2日服药1次，连服10次。

[使用注意] 孕妇忌用。

葛 根
Gegen

[来源] 为蝶形花科植物野葛*Pueraria lobata* (Willd.) Ohwi的根入药。

[民族药名] 彝族：泽尾；佤族：日。

[别名] 粉葛、野葛。

[生长环境] 生于海拔120~2400米的村边地角、林边向阳处。

[药性] 甘、辛，凉。归脾、胃、肺经。

[功效] 解肌退热，生津止渴，透疹，升阳止泻，通经活络，解酒。

[药用方法]

1.饮酒过量 葛根30克，小鱼30克，水煎服。

2.醉酒 葛根10克，川芎10克，水腌菜10克，干杨梅15克。开水冲泡频饮。

3.肺痨 葛根、川芎、臭灵丹、韭菜、胎盘各适量，水煎服。

4.蜂叮咬伤 鲜葛根15克，捣烂涂擦。

[普洱民间食用方法]

1.风湿关节疼痛症 葛根、薏苡仁、威灵仙、地片、生藤、土细辛、千年健、土黄芪、生姜、草果叶各20克、猪脚1只。薏苡仁、威灵仙、土细辛洗净，生藤、千年健、土黄芪、葛根、地片洗净切片，猪脚洗净切块，备用。将药物与猪脚同煮，煮沸后去浮沫，小火煮2小时即可食用。

2.**腰腿疼痛** 葛根、薏苡仁、威灵仙、地片、生藤、土细辛、千年健、土黄芪、土当归、小活血、五指榕、仙茅各15克，生姜为引，腊肉、猪蹄一只。葛根、地片、千年健洗净切片，土黄芪、土当归、生藤、五指榕洗净切段，备用；猪蹄、腊肉洗净切块，备用；先将猪蹄、腊肉与野葛根、千年健、土黄芪、五指榕、生藤煮40分钟，再加入剩余药物，小火煮40分钟后即可食用。

[**使用注意**] 虚寒者忌用，胃寒呕吐者慎用。

茴 心 草

Huixincao

[来源] 为真藓科植物茴心草 *Rhodobryum roseum* limp.的全草入药。

[民族药名] 彝族：尼朋诗、尼木基；傣族：茉辛。

[别名] 大叶藓。

[生长环境] 生于箐边岩石上、枯木或石头上。

[药性] 淡，平。归心经。

[功效] 安神养心，清肝明目。

[药用方法]

1.**各种心脏病** 茴心草3~9克，以冰糖或酒为引，水煎服。1日1剂，1日3次。

2.**头晕、失眠、高血压** 茴心草10克，蓝布正20克，水煎服。1日1剂，1日3次。

[普洱民间食用方法]

1.**心火热，心神不宁** 茴心草鲜品50克，定心藤鲜品30克，猪心1个。待药材洗净切制后加冷水适量，文火煮约1小时，将药材捞出，放入洗净切制好的猪心再煮熟，加入适量食盐即可。宜1~3人食用。

2.**失眠多梦、心慌心悸、心烦纳差** 茴心草10克，灵芝10克，猪心1个，胡椒、姜盐适量。将二味药材塞入猪心内炖煮，吃肉喝汤。宜1~3人食用。

3.**心慌** 茴心草6克，鸡蛋2个蒸服。宜1人食用。

[使用注意] 不宜长时间服用。

何 首 乌
Heshouwu

[来源] 为蓼科植物何首乌*Polygonum multiflorum* Thunb. 的干燥块根入药。

[民族药名] 哈尼族：阿玛耶枯；彝族：姆醒罗。

[别名] 黄花污根、夜交藤、小独根。

[生长环境] 生于海拔300～3000米的山谷密林下，林缘、石坡、溪边。

[药性] 苦、甘、涩，微温。归肝、心、肾经。

[功效] 解毒，消痈，截疟，润肠通便。

[药用方法]

1.痢疾 何首乌15克，水煎服。

2.溃疡、烫伤 用鲜何首乌捣烂，加鸡蛋清调匀敷患处。

[普洱民间食用方法]

1.脾肾阳虚、气血双亏、头发早白、老年体虚等症 制何首乌、黑芝麻、黑豆、枸杞子、黄芪、党参、天麻、麦冬、大枣各50克，冬虫夏草20克，白酒2000毫升。将各种配料洗净切制后加入白酒，浸泡1个月左右，滤液饮用，每次服30～60毫升，1日2次。

2.**补益心脾，安神稳心** 何首乌、茴心草、急心黄、竹叶参、千针万线草、黄草、补冬根各30克，生姜为引，鸡1只。茴心草、急心黄、竹叶参、千针万线草洗净，何首乌洗净切块，黄草、补冬根洗净切段。鸡宰杀后洗净沥干切块，何首乌、黄草与鸡块同煮，煮沸后去浮沫，煮30分钟后加入剩余药物，煮至鸡肉熟透后加入适量盐即可。宜3~5人食用。

3.**高血脂、冠心病** 何首乌20克，黑豆10克，炖甲鱼食用。

4.**高血压、动脉硬化、高血脂** 何首乌20克，芹菜10克，粳米适量炖粥食用。

[**使用注意**] 生品有润肠通便作用，不宜长期和大量服用。大便溏泻及痰湿较重者不宜使用。忌铁器。

决 明 子
Juemingzi

[来源] 为豆科植物决明属小决明*Cassia tora* L.的干燥成熟种子入药。

[民族药名] 傣族（西傣）：牙嘟扣；彝族：咱都尖、迟起诺。

[别名] 草决明、野花生、明目子、野绿豆、夜关门。

[生长环境] 生于海拔500~1300米的村寨旁旷地、路旁、林缘。

[药性] 甘、苦、咸，微寒。归肝、肾、大肠经。

[功效] 清热明目，润肠通便。

[药用方法]

1.高血压 决明子15克，夏枯草9克，水煎连服1个月。1日1剂，1日3次。

2.霉菌性阴道炎 决明子30克，加水煮沸后熏洗外阴及阴道。

[普洱民间食用方法]

1.减肥 炒决明子10~15克，白菊花10克，大米100克。锅内倒入适量清水，放入决明子、白菊花同煎，拣去药渣。药汁中放入大米煮至粥成即可。宜1~3人食用。

2.保护肝脏，适合经常喝酒的人饮用 决明子15克，鲜柿子2个。决明子研碎；柿子去皮，用布绞取汁液。锅内放入决明子，加适量清水，煎煮15分钟，去渣取汁。取一碗，倒入柿子汁、决明子汁，混匀即可。宜1~3人食用。

3.预防高脂血症 决明子20~30克，开水泡，代茶饮。

[使用注意] 气虚便溏者不宜使用。血压低者慎用。

荠 菜
Jicai

[来源] 为十字花科荠菜属植物荠菜 *Capsella bursa-pastoris*（L.）Medic.的全草入药。

[民族药名] 哈尼族：阿基俄期；彝族：更诺起、隔诺起。

[别名] 枕头草、粽子菜、三角草、荠荠菜、菱角菜、地菜、上巳菜。

[生长环境] 生于海拔1200～3700米的山坡、荒地、路边、地埂、宅旁。

[药性] 甘，平。归肝经。

[功效] 凉血止血，清热利尿。

[药用方法]

1.痢疾 荠菜20克，水煎服。1日1剂，1剂3次。

2.头晕 荠菜15克，千日红10克，水煎服。1日1剂，1剂3次。

[普洱民间食用方法]

1.胸闷、胁痛、饮食少 鲜荠菜100克，鸡蛋1~2个。先用冷水将鲜荠菜煮沸，再将鸡蛋打入碗中，调匀，放入煮沸的荠菜汤中，煮成蛋汤，放入油、盐、糖，煮约5分钟即可，宜2~3人食用。

2.眼花、目赤 鲜荠菜100克，白米50克。用鲜荠菜（干荠菜亦可）洗净，切碎，同米煮粥即可。宜2~3人食用。

3.浮肿、尿黄、尿少 鲜荠菜250克，豆腐100克，姜末、盐、味精、麻油各适量。豆腐切成块，用开水略烫后放入碗中。荠菜洗净，放入沸水里烫一下捞出，凉后切成细末，洒在豆腐上，加盐、味精、姜末拌匀，淋上麻油即可。1日1剂。宜3~5人食用。

[使用注意] 阴亏津少，肾虚遗精遗尿者，慎用。

荆 芥
Jingjie

[来源] 为唇形科荆芥属荆芥 *Schizonepeta tenuifolia* Briq.的地上部分入药。

[民族药名] 傣族（西傣）：沙板嘎；傈僳族：薄松兰。

[别名] 香荆芥、线荠、四棱、杆蒿、假苏。

[生长环境] 生于海拔900～2700米的坡脚、草坡、灌丛、草丛中。

[药性] 辛，微温。归肺、肝经。

[功效] 解表散风，透疹，消疮。

[药用方法]

1.**风寒感冒** 荆芥15克，白芷30克，研末，以红茶水冲服，每日2次，每次6克。

2.**急性扁桃体炎** 荆芥、薄荷叶、桔梗、山豆根各10克，水煎服。1日1剂，分3次服。

[普洱民间食用方法]

1.**感冒鼻塞流清涕、肢体酸痛** 荆芥9克，薄荷3克，淡豆豉9克，加水煎煮，煮沸5分钟后，去渣留汁，加入粳米100克煮粥，食用。

2.**大便带血或便后出血** 荆芥、槐花各30克，炒为末，以清茶冲服，每次3克。

3.**口鼻出血** 荆芥烧灰，置地上除火毒后研细，浓米汤调服，每次15克。

[使用注意] 表虚自汗、阴虚火旺者禁服。

鸡血藤
Jixueteng

[来源] 为蝶形花科蜜花豆*Spatholobus suberectus* Dunn.的藤茎及根入药。

[民族药名] 彝族：引习诗；拉祜族：鲁马傣套的米。

[别名] 血藤、大血藤、紫梗藤、大活血。

[生长环境] 生于海拔600~2100米的常绿阔叶林中或山地沟谷、灌丛中。

[药性] 苦、甘，温。归肝、肾经。

[功效] 活血补血，调经止痛，舒筋活络。

[药用方法]

1.贫血 鸡血藤40克，当归20克，黄芪20克，水煎，内服。每日1剂，分3次服。10日为一个疗程。

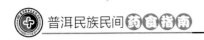

2.**腰痛** 鸡血藤50克，伸筋草20克，苏木15克，肉桂15克，千张纸12克，木瓜20克，白酒1千克。浸泡9天后，滤液口服，每日3次，每次30毫升。

[**普洱民间食用方法**]

1.**再生障碍性贫血（面色苍白、乏力头晕）** 鸡血藤20克，黄根20克，阿胶10克，鸽子1只，将鸡血藤、黄根洗净切片后放入鸽子腹中，加适量佐料调味，炖2小时。阿胶烊化后与汤混匀，喝汤吃肉。宜1~2人食用。

2.**月经推后、闭经** 鸡血藤16克，月月红10克，虎杖12克，猪肉500克，以上药材洗净切段，备用。猪肉洗净切块，将备好的药物、猪肉一同放入锅内，加入适量盐调味，小火同煮1.5小时后即可。宜2~3人食用。

[**使用注意**] 阴虚火亢者慎用。

金 银 花
Jinyinhua

[来源] 为忍冬科植物忍冬*Lonicera maackii* (Rupr.) Maxim.的花蕾或带初开的花入药。

[民族药名] 哈尼族：金因花；傣族：簪噶概。

[别名] 山金银花、忍冬花、银花、双花。

[生长环境] 生于海拔1900米以下。有栽培。

[药性] 甘，寒。归肺、心、胃经。

[功效] 清热解毒，疏散风热。

[药用方法]

1.**流行性腮腺炎** 蒲公英、金银花、板蓝根各15克，水煎服。

2.**咽喉肿痛以及一切痈肿疮毒** 金银花、菊花各10克，开水冲泡代茶饮。

3.**麦粒肿** 金银花40克，蒲公英120克，加水1000毫升，煎沸15分钟左右，分两次服用。再将药渣加水500毫升煎沸，待温后熏洗患眼，日熏洗数次。

[普洱民间食用方法]

1.**预防痤疮** 金银花15克，田螺肉300克。金银花洗净，田螺肉洗净，切薄片。炒锅内放植物油烧至六成热，加入姜片、葱段爆香，下入田螺肉、金银花、料酒，加1800毫升水，用中火煮熟，加入盐、味精调味即成。宜2~3人食用。

2.**痤疮** 金银花10克，红豆30克，红豆淘净，金银花用纱布包裹，即得药包。锅内放入药包、红豆，加水适量，大火烧沸，改用小火煮15分钟，至红豆熟烂即可。宜1~2人食用。

[使用注意] 脾胃虚寒及气虚疮疡脓清者忌用。

鸡蛋花
Jidanhua

[来源] 为夹竹桃科植物鸡蛋花 *Plumeria rubra* L.的树皮及花入药。

[民族药名] 傣族：戈洛章巴迪、莫展败。

[别名] 蛋黄花、擂捶花、鸭脚木。

[生长环境] 生于海拔140～1500米的山谷灌丛中。

[药性] 甘、微苦，凉。归肺、大肠经。

[功效] 清热解暑，利湿，止咳。

[药用方法]

1.支气管炎 鸡蛋花、灯台树叶各9克，水煎服。

2.尿路感染，尿路结石 鸡蛋花树皮20克，长管假茉莉15克，水煎服。

[普洱民间食用方法]

发烧、咳嗽、腹泻、黄疸 鸡蛋花10克，鸡蛋2枚。鸡蛋打碎加洗净的鸡蛋花，调匀后放入蒸锅，炖熟即可服用。宜2~3人食用。

[使用注意] 凡暑湿兼寒，寒湿泻泄，肺寒咳嗽，皆不宜使用。

积 雪 草

Jixuecao

[来源] 为伞形科植物积雪草属积雪草 *Centella asiatica* (L) Urb的全草入药。

[民族药名] 哈尼族：克色拉普；彝族：斜维斯。

[别名] 驴蹄草、小马蹄当归、水葫芦、水牛角、马蹄叶。

[生长环境] 生于海拔300~2200米的林下阴湿草地或河沟边。

[药性] 苦、辛，寒。归肝、脾、肾经。

[功效] 清热利湿，解毒消肿。

[药用方法]

1.砂淋（泌尿道结石） 积雪草15克，玉米须15克，鸡内金10克，水煎服。

2.甲型肝炎 积雪草12~15克，马蹄香15克，水煎服。

[普洱民间食用方法]

1.小儿惊风 积雪草3~5克，研乳汁炖服。

2.头昏目眩 鲜积雪草100克，洗净，切碎，打入鸡蛋5枚，煎服。宜1~3人使用。

灵 芝
Lingzhi

[来源] 为多孔菌科真菌赤芝 *Ganoderma lucidum* (Leyss. ex Fr.) Karst. 或紫芝 *Ganoderma sinense* Zhao, Xu et Zhang 的干燥子实体入药。

[民族药名] 哈尼族：阿烘喇拿；彝族：诺色姆。

[别名] 灵芝草、菌灵芝。

[生长环境] 生于阔叶树的腐木上。

[药性] 甘，平。归心、肺、肝、肾经。

[功效] 补气安神，止咳平喘。

[药用方法]

1.慢性支气管炎 灵芝15克，煎服。

2.迁延性肝炎 灵芝6克，甘草4.5克，水煎服。

[普洱民间食用方法]

1.**心慌、心悸、不思饮食或失眠健忘、神经衰弱等病症** 灵芝15克，猪蹄1只。锅中放入猪油，烧热加葱姜煸香，放入猪蹄、水、料酒、味精、精盐、灵芝，武火烧沸，改用文火炖至猪蹄熟烂，出锅即成。宜2~3人食用。

2.**积年胃病、消化不良** 灵芝40克，加500毫升黄酒浸10天后日服2次，每次30毫升。

3.**肺痨久咳、痰多、气喘** 灵芝片50克，人参20克，冰糖500克，装入纱布袋置酒坛中，加1500毫升白酒，密封浸10天后，日饮2次，每次15~20毫升。

[使用注意] 气滞者慎服。

鹿 仙 草
Luxiancao

[来源] 为蛇菰科植物思茅蛇菰 *Balanophora simaoensis* S.Y. Chang et Tam.的全株入药。

[民族药名] 彝族：漆西诗、特斯拉嚼。

[别名] 见根生、坡本、地杨梅、地吕、万星菌、藤林、猪油药、蒿枝花、土星开花、鹿心草、红菌、牛奶菌。

[生长环境] 生长于海拔2300～3600米的山坡竹林、落叶灌木丛、针叶林或针阔叶混交林及云杉林下，多寄生在杜鹃、杂木及白果树根上。

[药性] 苦、甘，平。归心、脾、胃、肾经。

[功效] 壮阳补肾，理气健脾，清热解毒，止血生肌。

[药用方法]

1.**黄疸型肝炎** 鹿仙草20~30克，水煎服。每日1剂。

2.**感冒，痢疾，食物中毒** 鹿仙草10~20克，水煎服。

3.**湿疹** 黄水疮长期不愈，鹿仙草粉外敷患处。

[普洱民间食用方法]

1.**腰膝酸软、手足不温** 鹿仙草、补冬根、黄精、小仙茅、砂仁叶、生姜、牛肉、牛胸骨各50克。黄精、鹿仙草洗净切小片，补冬根、小仙茅洗净，牛肉切块，牛胸骨切段，备用。将黄精、牛肉、牛骨同煮，煮沸后去浮沫，小火煮1小时后放入余药，同煮至牛肉熟透，加入适量油盐，即可。宜2~3人食用。

2.**肝硬化腹水、阳痿、痛经、头晕** 鹿仙草30克煮猪蹄或炖肉食，每次用量15~30克。

[使用注意] 阴虚火旺者慎服。

莱 菔 子
Laifuzi

[来源] 为十字花科植物萝卜*Raphanus sativus* L.的干燥成熟种子入药。

[民族药名] 哈尼族：俄卜阿能；彝族：阿莫泽。

[别名] 萝卜子、萝白子、菜头子。

[生长环境] 多于海拔1700~2300米的地区栽培。

[药性] 辛、甘，平。归肺、脾、胃经。

[功效] 消痰除胀，降气化痰。

[药用方法]

1.咳嗽喘逆，痰多胸痞，食少难消 莱菔子、紫苏子、白芥子各9克，上药微炒，捣碎，布包微煎。1日1剂，1日3次。

2.跌打损伤、瘀血胀痛 莱菔子60克，研烂，热酒调敷。

[普洱民间食用方法]

1.食积气滞 莱菔子10克，山楂10克，水煎服。1日1剂，1日3次。

2.胃腹饱胀 莱菔子、生麦芽、生谷芽各10克，水煎服。1日1剂，1日3次。

3.扁平疣 莱菔子、白芥子、紫苏子、糯米、白糖（糖尿病患者慎用）各250克。将前四物除去杂质，放锅中同炒至焦黄时取出，碾成炒米粉状，趁热拌入白糖即成。或用开水冲化成糊服之，10日为1疗程。1次25克，1日3次。

[使用注意] 气虚者慎服。不宜与人参同用。

龙 眼 肉
Longyanrou

[来源] 为无患子科植物龙眼 *Dimocarpus longan* Lour. 的假种皮或果粒入药。

[民族药名] 傈僳族：等铃他；瑶族：龙燕旦、羊晕亮。

[别名] 龙眼干、圆圆、桂圆。

[生长环境] 生于海拔100~1800米的低山丘陵地区疏林中。

[药性] 甘，温。归心、脾经。

[功效] 补益心脾，养血安神。

[药用方法]

产后浮肿，气虚水肿 龙眼肉10克，生姜5片，大枣6个，煎汤服。1日1剂，1日3次。

[普洱民间食用方法]

1.**失眠、多梦、健忘** 龙眼肉、芡实各20克，糯米100克，酸枣仁15克。龙眼肉、芡实、酸枣仁煎汁去渣，药汁与糯米共煮成粥。食用时调入蜂蜜30克，早、晚服食。糖尿病患者慎服。宜1~2人食用。

2.**乏力、气短、心慌** 龙眼肉20克，加白糖蒸熟，开水冲服。糖尿病患者慎服。宜1~2人食用。

3.**多汗** 龙眼肉30克、猪心1个。水煎煮，喝汤，吃龙眼肉和猪心。宜2~3人食用。

[使用注意] 腹胀或有痰火者不宜服用。

理 肺 散
Lifeisan

[来源] 为菊科植物地胆草属地胆草*Elephantopus scaber* L.的全草入药。

[民族药名] 哈尼族：期堵堵哈、移西德耙；彝族：卡基诗。

[别名] 地胆头、磨地胆、苦地胆、地苦胆、地胆草。

[生长环境] 生于海拔480～1750米的林下、林缘、灌丛下、山坡草地边、路旁。

[药性] 苦，寒。归肺、肝、肾、大肠经。

[功效] 疏风清热，化痰止咳，解毒利湿，消积。

[药用方法]

1.**感冒发热、咳嗽** 理肺散15~30克，水煎服。

2.**防暑** 理肺散15~30克，泡水或煎水当茶饮。

3.**感冒、头痛** 理肺散20克，水煎服。

[普洱民间食用方法]

1.**咽喉肿痛、咳嗽、痰多、肾炎水肿** 理肺散鲜品50克，一窝鸡30克，牛蒡子根鲜品50克，藕节鲜品50克，猪肺500克，猪排骨500克。先将猪肺、猪排骨清洗干净，煮沸，加入上述药材，炖煮，熟后即可，酌加葱、姜、盐、草果等调料。汤渣服用，1日2次。宜3~5人食用。

2.**咳嗽、黄稠痰多、心慌** 理肺散30克、茴心草30克，猪心1个。茴心草、理肺散拣去杂草洗净，猪心切成小块，备用。将备好的药材与猪心拌匀，放少量猪油，适量食盐，上蒸锅蒸1小时后即可。宜1~2人食用。

[使用注意] 孕妇慎用。

露 水 草 根
Lushuicaogen

[来源] 为鸭跖草科植物露水草*Cyanotis arachnoidea* C.B.Clarke的根入药。

[别名] 珍珠露水草、换肺散、鸡冠参、蛛毛蓝耳草。

[生长环境] 生于海拔1100~2700米的山野、路边。亦有栽培。

[药性] 辛、微苦，温。归肝、肾经。

[功效] 祛风除湿，通经活络。

[药用方法]

1.湿疹，烂脚丫　露水草水煎服。

2.刀伤创口，中耳炎　露水草外敷。

[普洱民间食用方法]

1.腰膝麻木、肢体关节肿痛　露水草30克，猪肉适量。将露水草、猪肉洗净后切碎炖肉服。

2.肢体关节疼痛　露水草30克，煮鳝鱼（约500克）服，宜2~3人食用。

3.低烧不退　露水草、盘龙参各30克，水煎服；或露水草煮肉吃。

[使用注意] 阴血亏虚者慎用。

马齿苋
Machixian

[来源] 为马齿苋科植物马齿苋 *Portulaca oleracea* L. 的地上部分入药。

[民族药名] 彝族：姆省傲。

[别名] 马齿草、马齿菜、长寿菜、长命菜、猪母菜、瓜子菜、酸味菜、马勺菜、五行草、五方草。

[生长环境] 生长于田野路边及庭院废墟等向阳处。

[药性] 酸，寒。归肝、大肠经。

[功效] 清热解毒，凉血止血，止痢。

[药用方法]

1.血痢 鲜马齿苋200克，粳米60克，加水共煮粥，不着盐醋，空腹淡食。

2.肠炎腹痛 鲜马齿苋60克，捣取汁，煎汁，蜂蜜20克调匀，顿服。

3.尿路感染 鲜马齿苋90克，捣汁服之。

4.百日咳 马齿苋30克，百部10克，水煎，加白糖服。

5.手足癣 鲜马齿苋100克，捣烂取汁，与等量米醋混合涂患处。

[普洱民间食用方法]

1.痢疾、腹痛腹泻 马齿苋鲜草100克，捣取汁服。

2.小便尿血、便血 鲜马齿苋绞汁，藕汁等量，每次半杯（约60克），以米汤和服。

[使用注意] 脾胃虚寒、肠滑泄者勿用。不与鳖甲同服。

木 棉 树 皮

Mumian shupi

[来源] 为木棉科植物木棉 *Bombax malabaricum* DC. 的干燥树皮及花入药。

[民族药名] 彝族：兰锡起；傣族（西傣）：郭牛；（德傣）：埋留。
[别名] 攀枝花、莫连、红茉莉、红棉。
[生长环境] 生长于海拔200～1700米的石灰林内及河谷、路边。
[药性] 苦、涩，凉。归肺、脾、肝、胆经。
[功效] 清火解毒，凉血止血，止咳化痰，生肌敛疮。
[药用方法]
1.**痢疾** 木棉树皮2~4克，水煎服。
2.**跌打损伤** 木棉树皮10~25克，水煎或泡酒服。
3.**鼻出血** 木棉树皮30克，樱桃树皮、桃树皮、柳树皮各18克，水煎服。
[普洱民间食用方法]
肢体关节麻木、疼痛 木棉树皮6~10克，泡酒3日后服。
[使用注意] 凡脾胃虚弱、食少便溏、阴虚津伤者慎用。

木 蝴 蝶
Muhudie

[来源] 为紫葳科植物木蝴蝶 *Oroxylum indicum* (Linn.) Vent. 的种子及树皮入药。

[民族药名] 哈尼族：觉阿拉伯；彝族：颇开猛、资嘎泰诺。

[别名] 千张纸。

[生长环境] 生长于海拔100～1600米的山坡、溪边、山谷或灌木丛中。

[树皮药性] 苦，凉。归肺、脾、肝、胆、肾、膀胱经。

[功效] 清火解毒，敛疮止痒，利水退黄，润肠通便。

[种子药性] 苦、甘，凉。归肺、肝、胃经。

[功效] 清肺利咽，疏肝和胃。

[药用方法]

1.**传染性肝炎，膀胱炎** 木蝴蝶树皮25~50克，水煎服。

2.**烧伤烫伤** 木蝴蝶树皮适量，舂成细粉，散布于患处。

3.**各种疮疖溃烂，口舌生疮** 木蝴蝶树皮，菩提树皮各等量，碾粉撒于患处。

4.**四肢关节红肿热痛，屈伸不利，遇热加剧** 木蝴蝶鲜树皮适量，捣烂外擦或外敷患处。

[普洱民间食用方法]

1.**反复咳嗽** 木蝴蝶干树皮10克，水煎服。

2.**胃腹痛** 木蝴蝶干树皮9~15克，水煎服。

3.**风湿关节痛** 木蝴蝶干树皮泡酒服。

[使用注意] 凡脾胃虚弱、食少便溏、阴虚津伤者慎用。

木 瓜
Mugua

[来源] 为蔷薇科植物木瓜*Chaenomeles sinensis* (Thouin)Koehne的近成熟果实入药。

[民族药名] 彝族：期来诺、色笨；傣族：嘛嗷。

[别名] 贴梗海棠、酸木瓜、光皮木瓜。

[生长环境] 喜光照充足，耐旱，耐寒，可适应任何土壤栽培。

[药性] 酸，温。归肝、脾、胃经。

[功效] 舒筋活络，和胃化湿。

[药用方法]

1.腰痛 木瓜20克，大血藤50克，伸筋草20克，苏木15克，肉桂15克，千张纸12克，白酒1千克。将上述药材洗净，用酒浸泡9天后口服，每日3次，每次30毫升。

2.下肢关节痛 木瓜15克，威灵仙30克，五加皮10克。水煎2次，混合2次汤剂。分2次服。

3.腿抽筋 木瓜12克，牛膝15克，水煎服。1日1剂，分3次服。

[普洱民间食用方法]

1.腰腿痛 新鲜木瓜50克，猪脚1只（约500克）。将木瓜、猪脚洗净切块，同煮，煮沸去浮沫，加入适量盐调味，小火煮1小时后即可。宜3~5人食用。

2.**直肠脱垂** 木瓜1个（100克），鸡蛋黄1个，白糖35克，牛奶220毫升，冰块100克。将木瓜去皮、去子后，切成小块。木瓜、鸡蛋黄、白糖、牛奶一起放入粉碎机中，一面切碎，一面倒入冰块，约1分钟即成。当茶饮频服。

3.**健脾开胃、食少、便溏** 每次取木瓜干片10~15克，以沸水冲泡代茶饮。

4.**大便下血** 木瓜（切细）6克，蜂蜜6克。开水泡服。早、晚各服1次，连服3天。

[**使用注意**] 内有郁热，小便短赤者忌服。

密 蒙 花
Mimenghua

[来源] 为马钱科醉鱼草属植物密蒙花 *Buddleja officinalis* Maxim. 的花或花蕾入药。

[民族药名] 哈尼族：按坡、吗仁、奥果和斯；彝族：维申若则、迟诺扭。

[别名] 蒙花、小锦花、黄饭花、疙瘩皮树花、染饭花。

[生长环境] 生长于向阳山坡、河边、村旁的灌木丛中或林缘。

[药性] 甘，微寒。归肝经。

[功效] 清热泻火，养肝明目，退翳。

[药用方法]

1.预防肝炎　密蒙花10克，水煎服。

2.皮疹、皮肤溃疡　密蒙花、红糖捣碎加酒调汁涂擦患部。

[普洱民间食用方法]

1.头晕　密蒙花10克蒸小鸡，去渣服汤与肉，宜2~3人食用。

2.目赤肿痛　密蒙花10克，糯米500克，取密蒙花清洗，入锅加水500毫升，用武火煮沸，改文火煮10分钟，放冷，滤去渣，滤液备用。糯米淘洗后用煮好的密蒙花水浸泡3小时，沥去水，蒸熟即可。宜5~6人食用。

[使用注意] 脾胃气虚，食少便溏者慎用。

木 姜 子
Mujiangzi

[来源] 为樟科木姜子属山鸡椒*Litsea cubeba* (Lour.) Pers.的果实入药。

[民族药名] 哈尼族：席批；彝族：西沙搜。

[别名] 山胡椒、木香子、木樟子、山姜子、木椒子、腊梅柴、大木姜、香桂子、猴香子、生姜材、黄花子、辣姜子。

[生长环境] 生长于海拔800～2900米的疏林、灌木丛中。

[药性] 辛、苦，温。归脾、胃经。

[功效] 祛风行气，健脾燥湿，消食；外用解毒。

[药用方法]

1.感寒腹痛 木姜子12~15克，水煎服。

2.消化不良，胸腹胀满 木姜子焙干，研末，每次吞服0.9~1.5克。

3.预防流感、感冒，头痛，胃痛 木姜子根、叶各9克，水煎服。

4.痢疾 木姜子、忍冬藤各6克，马尾黄连3克，水煎服。

5.疔疮 木姜子捣绒外敷。

[普洱民间食用方法]

1.**肢体关节肌肉疼痛，麻木重着** 木姜子40克，蛇肉250克，盐、姜适量。将蛇肉加姜片炖汤，以木姜子、盐来调味。每日1剂，连服数日。

2.**因感受风寒后头痛、风湿骨痛、恶心呕吐者** 木姜子10克，生姜10克。将上述药材洗净后放入锅中，加冷水约300毫升，武火煮约15分钟，加入适量葱花和食盐后即可食用。

3.**经常感冒** 木姜子根15克，土升麻（大麻疙瘩）10克，大芦子6克，叶子兰10克。水煎后以烧酒为引服。1日1剂，分3次服。

[使用注意] 胃热或阴虚火旺者忌用，孕妇慎用。

牛 膝
Niuxi

[来源] 为苋科植物牛膝 *Achyranthes bidentata* Blume.的根入药。

[民族药名] 彝族：若摆诺；傣族（西傣）：怪俄囡；（德傣）：芽怀吾。

[别名] 怀牛膝、铁牛膝、山苋菜、牛髁膝。

[生长环境] 生于海拔200~3300的山坡林下、路边。

[药性] 苦、酸，平。归肝、肾经。

[功效] 逐瘀通经，补肝肾，强筋骨，利尿通淋，引血下行。

[药用方法]

1.腰痛，腹膝酸软 牛膝根泡酒服。

2.肺结核 初期牛膝鲜品嚼服，中期水煎服，后期泡酒服。

[普洱民间食用方法]

体弱、腰膝无力 鲜牛膝100克，鲜当归100克，炖肉吃。宜2~3人食用。

[使用注意] 孕妇慎用。

牛蒡根

Niubanggen

[来源] 为菊科植物牛蒡 *Arctium lappa* L.的根入药。

[民族药名] 彝族：寒念猛、恶实、鼠粘子、涩瓜台；佤族：玖到。

[别名] 恶实根、鼠粘根、牛菜。

[生长环境] 多生于海拔1800~2500米的山野路旁、沟边、荒地、山坡向阳草地、林边和村镇附近。

[药性] 苦，寒。归肺、胃经。

[功效] 祛风清热，解毒消肿，理气止痛。

[药用方法]

热攻心，烦躁恍惚 牛蒡根捣碎，滤取药汁500毫升，饭后分3次服。

[普洱民间食用方法]

1.**咽痛咳嗽** 鲜牛蒡根50克清洗，去皮切丝、洗净，加水适量煲粥服。

2.**虚弱脚软无力** 鲜牛蒡根50克炖鸡、炖肉服。宜3~5人食用。

3.**补益气血、补肾、养心、理肺、疏通经络** 牛蒡子根、补冬根、小红参、土当归、鸡刺根、黄草、苘心草、仙茅、急心黄、生藤、黄精、威灵仙、土黄芪、理肺散、满山香、小红蒜、生姜、草果叶各30克，鸡、猪筒子骨、腊肉、猪排骨各适量。鸡宰杀洗净沥干切块，腊肉切片，排骨切段，备用，将药材洗净切段备用，将猪筒子骨煮两小时取汤。将备好的药材、肉料放入猪骨汤中，煮沸后除去浮沫，用小火煮2小时后，放入适量的盐，起锅后即可。宜3~5人食用。

4.**胃肠胀满，消化不良** 牛蒡子根、满山香、苘香根、生藤、威灵仙、山白芷、土细辛、薏苡仁、生姜、砂仁叶、草果叶各30克，猪排骨适量。满山香、威灵仙、土细辛洗净，苘香根、牛蒡子根、生藤、山白芷洗净切段，猪排骨洗净切段，备用。将药物、排骨放入锅内同煮，煮沸后去浮沫，用小火煮2小时后，放入适量的盐，起锅后即可。宜3~5人食用。

[使用注意] 气虚便溏者慎用。

射 干
Shegan

[来源] 为鸢尾科植物射干*Belamcanda chinensis* (L.)DC.的干燥根茎入药。

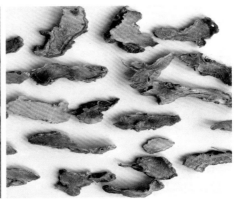

[民族药名] 哈尼族：铅阿威；彝族：摸达景。

[别名] 乌扇、乌蒲、开喉箭。

[生长环境] 生长于海拔1000～2200米的山坡荒地、疏林下亦有栽培。

[药性] 苦，寒。归肺经。

[功效] 清热解毒，消痰，利咽。

[药用方法]

小儿风痰吐沫 射干3克，大黄、槟榔、炒牵牛子各6克，麻黄、甘草各1.5克。俱微炒，研为末，每次服1克，蜜汤调服。

[普洱民间食用方法]

颈部淋巴结肿大 射干、连翘、夏枯草各等分，做成丸。每次服6克，饭后服。

[使用注意] 脾胃虚弱、食少便溏者慎用。

砂 仁
Sharen

[来源] 为姜科植物阳春砂仁 *Amomum villosum* Lour.的干燥成熟果实入药。

[民族药名] 哈尼族：麦码；彝族：砂仁。

[别名] 缩砂仁、阳春砂。

[生长环境] 生于气候温暖、潮湿、富含腐殖质的山沟林下，海拔约600~800米阴湿处栽培。

[药性] 辛，温。归脾、胃、肾经。

[功效] 化湿开胃，温脾止泻，理气安胎。

[药用方法]

1.腹痛 砂仁10克，鸡肚子根20克，马蹄香15克，鸡内金6克，延胡索10克，水煎服。1日1剂，1日3次。

2.胃痛 砂仁6克，杏叶防风10克，小黑药10克，干姜3克。药物共研粉，温开水送服，每次3~5克，每日3次。

[普洱民间食用方法]

1.小儿滑泄，肛头脱出 砂仁3~10克，研末，入猪肾内，煮熟服用。宜1人食用。

2.胃脘隐痛、喜暖、食少 鲫鱼1条，砂仁30克、陈皮、姜、葱适量入鱼腹内烧食。宜3人食用。

3.呃逆、打嗝 砂仁2克，放入口中，细嚼咽下。

[使用注意] 阴虚火旺者不宜服用。

石 菖 蒲
Shichangpu

[来源] 为天南星科菖蒲属植物石菖蒲 *Acorus graminus* Soland.的根茎入药。

[民族药名] 哈尼族：哈卢罗沙、鲁骂古克；彝族：施查蒲。

[别名] 菖蒲。

[生长环境] 喜阴湿环境，在郁密度较大的树下也能生长，常见于海拔560~2600米的密林下，生长于溪旁石上。

[药性] 辛、苦，微温。归心、胃经。

[功效] 化湿开胃，开窍豁痰，醒神益智。

[药用方法]

1.**泌尿道结石** 石菖蒲10克，斑鸠窝20克，金钱草30克，鸡矢藤20克，水煎内服。每日1剂，分3次服。

2.**小儿高热** 石菖蒲、淡竹叶、车前草、麦冬各6克。水煎内服，以米酒为引。

[普洱民间食用方法]

1.**耳聋，耳鸣** 鲜石菖蒲100克，猪肾1对（去筋膜切细），葱白（切）1把，粳米适量。石菖蒲煎取汁与猪肾、葱白、粳米共煮粥，空腹服。早、晚各1次。

2.**心悸、失眠、健忘、癫狂、痴呆** 石菖蒲30克，猪心1个。石菖蒲研细末，猪心切片，放砂锅中加水适量煮熟。每次以石菖蒲粉3~6克拌猪心，空腹食用。每日1~2次。

[使用注意] 能耗伤正气，只宜暂服，不可久用。凡阴亏血虚及精滑多汗者不宜用。

山 楂
Shanzha

[来源] 为蔷薇科植物山楂*Crataegus scabrifolia* (Franch.) Rehd.的成熟果实入药。

[民族药名] 哈尼族：山梁果阿席；傣族：嘛拿。

[别名] 山林果、红果子、沙林果。

[生长环境] 生于海拔1500～2100米的山坡、溪边、疏林中。

[药性] 酸、甘，微温。归脾、胃、肝经。

[功效] 消食健胃，行气散瘀，化浊降脂。

[药用方法]

1.**消化不良** 炒山楂、炒麦芽、炒莱菔子、陈皮各9克，水煎服。1日1剂，1日2~3次。

2.**高血压** 山楂20克，丹参10克，水煎代茶饮；或山楂与决明子、白糖温水泡茶，频服。

3.**胃积食** 山楂、鸡内金、神曲各10克，水煎服。1日1剂，分3次服。

4.**脑动脉硬化** 山楂、红花、桃仁各10克，水煎代茶饮。

[普洱民间食用方法]

1.**补气血** 山楂12克，党参16克，紫米120克。将山楂洗净、去核、切片，党参洗净、切片，紫米淘净，将三者放入锅内，加水1000毫升，置于武火上烧沸后用文火煮1小时即成。早餐食用，每次100～150克。宜2～3人食用。

2.**食积停滞，便秘、高血压、高脂血症、冠心病** 山楂40克（或鲜品60克），粳米100克，白糖10克。将山楂放入砂锅内，煎取浓汁，去渣后加入粳米，白糖一起煮粥。每日早、晚服用。宜2～3人食用。

3.**老年体弱或久病恢复期** 山楂40克，净兔肉500克，糖色5克，料酒10毫升，姜、葱、盐、味精各适量。首先把洗净的兔肉切成块，然后放入砂锅内和山楂同煮至烂，再放入盐、料酒、葱、姜、味精、糖色烧至汁浓，盛于盘中即可。

[使用注意] 孕妇慎用，脾胃虚弱而无积滞者或胃酸分泌过多者均慎用。

石 榴 皮
Shiliupi

[来源] 为石榴科植物石榴 *Punica granatum* L.的果皮入药。

[民族药名] 哈尼族：玛扎阿席阿合；彝族：细里根、也那。

[别名] 石榴壳、酸石榴皮、酸榴皮、西榴皮。

[生长环境] 于海拔 500 ~ 2000 米处栽培。

[药性] 酸、涩，温；有小毒。归大肠经。

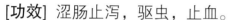

[功效] 涩肠止泻，驱虫，止血。

[药用方法]

1.**驱虫** 石榴皮15克，白杨树皮15克，水煎，内服。每日1剂，分3次服，连服3日。

2.**小儿腹泻** 陈石榴皮适量，烘干研粉，每次服3克，每日3次，米汤送服。

3.**脱肛** 石榴皮15克，马齿苋30克，五倍子15克，明矾9克，煎汤熏洗，每日1剂，每日2次。

[普洱民间食用方法]

1.**虚劳咳嗽** 鲜石榴皮90克，蜂蜜适量。将石榴皮洗净，放入砂锅，加水煮沸30分钟，加蜂蜜，煮沸滤汁，代茶饮。

2.**消化不良腹泻，久泻，久痢** 鲜石榴皮、玉米骨头各50克。二者共焙研细备用。1岁内每次服2.5克，2~4岁每次服3克，5~8岁每次服5克，9~12岁每次服10克，13~15岁每次服15克，16岁以上每次服20克。呕吐者加竹茹、生姜水煎送服。

3.**阴道流血，白带量多** 石榴皮15克，水煎加红糖或白糖适量温服，每日2次，饭前服。

[使用注意] 恋膈成痰，痢疾未尽者，不宜过早服之。阴虚火旺者忌服，恶小蓟。

山 白 芷
Shanbaizhi

[来源] 为伞形科植物糙叶独活 *Heracleum bivittatum* Boiss的根入药。

 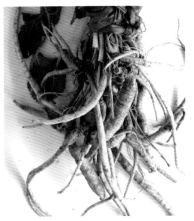

[别名] 香白芷、滇白芷。

[生长环境] 生长于海拔1700米以上的高山灌林下、草丛中。

[药性] 辛、苦，温。归肺、胃经。

[功效] 祛风发表，散寒止痛。

[药用方法]

1.上呼吸道感染 山白芷16克，黄果皮10克，野牡丹10克，金银花10克，水煎内服，加酒为药引。1日1剂，分2~3次服。

2.头风痛 山白芷10克，蜂蜜为引，水煎，荆芥汤送服。1日1剂，分3次服。

[普洱民间食用方法]

四肢冷，关节酸痛症 山白芷、威灵仙、土细辛、生藤、生姜鲜品各30~50克、猪脚1000克。将上述药物洗净切段备用，猪脚洗净切块备用。将备好的药物、猪脚放入锅内同煮，煮沸后去浮沫，加入适量盐调味，用文火炖煮2小时至猪脚熟透即可。宜3~5人食用。

[使用注意] 阴虚火旺者禁服。

生 藤
Shengteng

[来源] 为萝藦科须药藤属植物生藤 *Stelmatocrypton khasianum* (Kurz)H.Baill.的藤茎及根入药。

[民族药名] 傣族：够哈哄。

[别名] 羊角藤、冷水发汗、水逼药、须药藤。

[生长环境] 生长于山坡、山谷、路旁及灌木丛中。

[药性] 甘、辛，温。归脾、胃经。

[功效] 祛风解表，行气通络。

[药用方法]

1.**风寒感冒** 生藤15克，紫苏15克，生姜10克，仙鹤草30克，水煎内服。每日3次，连服2天。

2.**急性痢疾和便血** 生藤25克，石榴叶50克，烟米25克，煎服。

[普洱民间食用方法]

1.**食积、气胀、感冒头痛** 生藤15克，生姜、草果为引，鸡1只。生藤洗净切段，鸡宰杀后洗净切块，备用。将药物与鸡块同煮，煮沸去浮沫，文火同煮1小时后即可。宜3~5人食用。

2.**胃肠偏寒的胃肠胀满、消化不良** 生藤20克，天冬30克，小红

参30克，黄精50克，猪蹄800克。以上药材洗净，天冬、生藤、小红参切段。猪蹄洗净切块，备用，黄精切薄片先煮30分钟，将其余药材及猪蹄全部下锅同煮，煮沸去浮沫，加入适量盐调味，小火同煮2小时后即可。宜4~5人食用。

[**使用注意**] 阴血亏虚者慎用。

肾 茶
Shencha

[来源] 为唇形科猫须草属植物猫须草 *Clerodendranthus spicatus* (Thunb.) C. Y. Wu 的地上部分入药。

[民族药名] 傣族：牙努秒、芽绿苗；拉祜族：肾炎那此。

[别名] 猫须草、猫须公、化石草。

[生长环境] 生长于海拔950～1050米的林中空旷草地及林缘，有栽培。

[药性] 苦，凉。归肾、膀胱经。

[功效] 清热解毒，利水通淋，排石。

[药用方法]

1.小便热涩疼痛 鲜肾茶50克，鸭嘴花枝30克，煎服。

2.水肿 鲜肾茶60克，鲜车前草50克，煎水服。

[普洱民间食用方法]

肾、输尿管、膀胱结石 鲜肾茶60克（或干品10克），茎与叶切碎，置保温瓶中以沸水适量冲泡，盖闷15分钟。频饮代茶，1日服完。每日1剂。

[使用注意] 脾胃虚寒者慎用。

山 药
Shanyao

[来源] 为薯蓣科植物野山药Dioscorea japonica Thunb.的根茎入药。

[民族药名] 哈尼族：磨抖。

[别名] 薯药、玉芋。

[生长环境] 生于海拔1600~2500米的路旁、山坡灌丛或沟谷阔叶林下。

[药性] 甘，平。归脾、肺、肾经。

[功效] 补脾养胃，生津益肺，补肾涩精。

[药用方法]

1.**脾胃虚弱久泄** 鲜山药450克，糯米300克。鲜山药洗净蒸熟，去皮切段。糯米洗净，水适量，煲稀粥至快熟时加入山药、白糖，再煮沸即成。宜3~5人食用。

2.**慢性肾炎** 山药30克，党参、白术、黄芪、泽泻各15克，车前子12克，水煎服。

3.**小儿遗尿（肾虚型）** 山药120克，炒黄研末，每次服6克，每日早晚各服1次，开水送服。

4.**糖尿病** 山药、天花粉、沙参各15克，知母、五味子各10克，水煎服。

5.**佐治冻疮** 山药100克，捣烂外敷患处，每日3次。

[普洱民间食用方法]

1.**虚损、肺痨咯血、筋骨软弱、风湿疼痛，助消化、益寿** 鲜山药、鲜黄精各100克，猪脚1只。配料洗净后，黄精洗净切薄片，再放入砍成块的猪脚与山药，煮1小时即可。宜3~5人食用。

2.**脾胃虚弱、不思饮食、消化不良** 鲜山药200克，鹌鹑1只，党参15克，盐、味精各适量。将鹌鹑去杂毛，洗净。山药去皮切块。将上述诸药与鹌鹑一同放入锅内，加水适量，同煮炖熟，加盐和味精适量即可。宜1~2人食用。

[**使用注意**] 有实邪者忌用。

商 陆
Shanglu

[来源] 为商陆科商陆属商陆 *Phytolacca acinosa* Roxb.的根入药。

[民族药名] 哈尼族：砍波、阿约约玛；傣族（西傣）：芽罕红。

[别名] 见肿消、大药、野萝卜、萝卜参。

[生长环境] 生于海拔900～3400米的山箐湿处，亦有零星栽培。

[药性] 苦，寒；有毒。归肺、肾、脾、大肠经。

[功效] 逐水消肿，通利二便；外用解毒散结。

[药用方法]

1.水肿、小便不利 商陆5克，炖猪肉服。

2.滋补强壮，强心 商陆5~10克，水煎服。

3.疮疡肿毒 商陆适量，捣敷。

[普洱民间食用方法]

1.湿热水肿，小便黄少，尿蛋白多，肝硬化腹水者 鲜商陆、赤小豆各50克，鲫鱼3条（约500克）。商陆、赤小豆用清水冲洗，待用。把鲫鱼留鳞去内脏，装入前两药，满鱼腹扎口，用清水3000毫升煮烂，去鱼及商陆。饮汤食豆。隔天吃一次。

2.肝硬化腹水 鲜商陆200克，精羊肉180克，葱、淡豆豉各适量。将商陆入锅内，加葱、淡豆豉和水适量，煎煮40分钟，去渣留汤1000克，放入切成片的羊肉，煮为肉汤，分3次食肉喝汤。

3.水肿腹胀 鲜商陆30克，猪瘦肉60克。将猪肉与商陆加水共炖，煲至肉熟烂为宜，去药渣，服汤食肉。

[使用注意] 本品有毒，过量服用易中毒，体虚病弱及孕妇忌用。

土 牛 膝
Tuniuxi

[来源] 为苋科植物土牛膝 *Achyranthes aspera* L.的根或全草入药。

[民族药名] 哈尼族：棉梭梭呢；傣族：西傣：捌五龙；德傣：牙怀我。

[别名] 怀牛膝、铁牛膝、山苋菜、牛髁膝。

[生长环境] 生于海拔1200~2400米的河边、荒地阴湿处。

[药性] 微苦，凉。归肝、肾经。

[功效] 清热解毒，利尿通淋，活血祛瘀。

[药用方法]

1.**产后血瘀腹痛，月经不调** 土牛膝根15克，益母草20克，水煎服。

2.**赤、白带下** 土牛膝、续断、当归、白果各15克，车前子10克，水煎服。

3.**无名肿毒** 土牛膝根10克，云南兔耳风15克，麦冬须根10克，水煎服，滴酒为引。

[普洱民间食用方法]

1.**吐血，咳血** 土牛膝30~60克，白茅根30克，水煎服。

2.**咽痛，牙龈肿痛** 土牛膝25~50克，水煎服。

[使用注意] 孕妇禁服。

天 冬
Tiandong

[来源] 为百合科植物天冬 *Asparagus cochinchinensis* (Lour.) Merr.的块根入药。

[民族药名] 哈尼族：迷扎哈达阿席、阿噜哒飘；彝族：倪铃丝冬、多仔婆。

[别名] 明天冬、天门冬、地门冬。

[生长环境] 生于山地阴湿处，一般生长在路旁、山坡、山谷、疏林下和荒地上。

[药性] 甘、苦，寒。归肺、肾经。

[功效] 养阴润燥，清肺生津。

[药用方法]

1.百日咳 天冬、麦冬各15克，百部9克，瓜蒌仁6克，橘红6克，水煎服。

2.扁桃体炎，咽喉肿痛 天冬、麦冬、板蓝根、桔梗、山豆根各9克，甘草6克，水煎服。

[普洱民间食用方法]

1.感冒、头痛、咳嗽、食积气胀 生藤和天冬各100克，猪脚500克。配料洗净后，生藤切片，天冬切段，猪脚砍成块，加冷水适量，砂锅慢火炖煮1小时至天冬煮透即可。宜2~3人食用。

2.胃肠胀满，消化不良 天冬30克，生藤20克，小红参30克，黄精50克，猪蹄800克。以上药材洗净，天冬、生藤、小红参切段，猪蹄膀洗净切块，备用，黄精切薄片先煮30分钟。将其余药材及猪蹄膀全部下锅同煮，煮沸去浮沫，加入适量盐调味，小火同煮2小时后即可。宜2~3人食用。

土 党 参
Tudangshen

[来源] 为桔梗科金钱豹属植物大花金钱豹 *Campanumoea javanica* Blume或金钱豹（土党参）*javanica* Blume var. *japonica* Makino.的根入药。

[民族药名] 哈尼族：阿咪囡果、阿迷扎牙俄普；彝族：把矢景。
[别名] 补冬根、土人参。
[生长环境] 生于海拔400~1800（~2200）米的山坡草地或灌丛中。
[药性] 甘，平。归脾、肺经。
[功效] 健脾益气，补肺止咳，下乳。
[药用方法]
1.肺虚咳嗽　土党参50克，百部9克，水煎服。1日1剂，1日2~3次。
2.小儿疳积，遗尿，妇人产后乳汁少　土党参20~50克，水煎服。1日1剂，1日2~3次。
[普洱民间食用方法]
1.食欲不振，干咳少痰，咽干口燥　土党参、鸡刺根鲜品各50克，大枣10枚，猪蹄500克。将猪蹄洗净后切块，焯去血水，放入锅中。药材洗净，同大枣10枚、草果2枚一起入锅，加入冷水适量。文火煮2小时左右，待起锅时撒入适量细葱与食盐即可。宜3~5人食用。
2.久病体虚、身体羸弱、多汗　土党参、土人参鲜品各50克，乌鸡（排骨）500克。药材洗净切段，放入锅内，加冷水适量，再将洗净切块的乌鸡（排骨）放入锅内，煮约2小时，放入适量食盐即可。宜3~5人食用。
3.腰膝酸软、无力　土党参、牛膝鲜品各50克，猪脚1只（约500克）。将各种配料洗净切制，加水，慢火炖服，食药、吃肉、喝汤。宜3~5人食用。

铁 皮 石 斛
Tiepishihu

[来源] 为兰科植物铁皮石斛 *Dendrobium officinale* Kimura et Migo. 的花、茎秆入药。

[民族药名] 傣族：莫罕菜、糯卖害；彝族：诺莫筛。

[别名] 黑节草、铁皮兰。

[生长环境] 附生于海拔700～1700米的岩石、树干上。有栽培。

[药性] 甘，微寒。归胃、肾经。

[功效] 益胃生津，滋阴清热。

[药用方法]

1.咽干口燥 石斛30克，水煎代茶饮。

2.阴虚咳嗽 石斛全草研为末，每次服9克，泡酒温服。

3.慢性胃炎 石斛12克，黄精、麦冬、糯谷根各9克，水煎。每日1剂，分两次服。

[普洱民间食用方法]

1.热病伤津、口干烦渴、视物不明 石斛粉10~20克，母鸡1只。将母鸡洗净切制，加适量水和油、盐，慢火炖服。宜3~5人食用。

2.滋阴安神 铁皮石斛花10克、鸡蛋2枚，鸡蛋打碎，加适量水和洗净的铁皮石斛花，调匀后放入蒸锅，鸡蛋炖熟即可服用。宜2~3人食用。

[使用注意] 温热病早期阴未伤者、湿温病未化燥者、脾胃虚寒者均禁服。

天 麻
Tianma

[来源] 为兰科植物天麻 *Gastrodia elata* Bl.的块茎入药。

[民族药名] 哈尼族：天麻；彝族：天麻。

[别名] 赤箭、木浦、明天麻、定风草根、白龙皮、水洋芋。

[生长环境] 腐生于海拔1950～3000米的疏林下、林缘、林间草地、灌丛、沼泽草丛、火烧迹地中。

[药性] 甘，平。归肝经。

[功效] 息风止痉，平抑肝阳，祛风通络。

[药用方法]

1.平肝息风，清热化痰 将天麻（10克）蒸软，切成薄片，与粳米（100克）加水煮粥，调入竹沥（30克），白糖适量即可。

2.偏正头痛，眩晕，风湿麻木，中风惊痫 天麻9~15克，水煎服。

3.镇静，催眠，抗惊厥 天麻5克，绿茶2克，一起放入茶杯中，开水冲泡，加盖5分钟后即可饮用。

[普洱民间食用方法]

1.心脏病 天麻、苘心草、马蹄香鲜品各50克、猪心1个。诸药洗净，冷水煮1小时左右，红糖为引，食药吃肉喝汤。

2.**眩晕、头风头痛、肢体麻木** 天麻50克，鸡1只。天麻敲成小块，鸡宰杀后洗净切块，备用。将天麻与鸡块同煮，煮沸去浮沫，小火同煮1小时后即可。宜3~5人食用。

3.**补血养阴，缓解眩晕，头风头痛，肢体麻木** 天麻20克，枸杞20克，猪肉300克。将天麻捣碎，猪肉剁碎拌匀，放入碗中，将枸杞撒在表面，加适量姜末、盐等调味，慢火炖服。

4.**阴虚阳亢，目眩头晕，耳鸣头痛，口苦咽干** 将鸭1只（约500克）宰杀，去毛及内脏，与洗净切片之天麻100克，生地30克共炖至鸭料熟，加食盐、味精等调料。宜3~5人食用。

5.**高血压** 天麻10克，猪脑1个，粳米250克。将猪脑洗净，与天麻10克共同置入砂锅内，再放入粳米，加清水煮粥，以粥、猪脑熟为度。每日晨起服用。

6.**神经衰弱，眩晕头痛** 天麻50克，老母鸡1只。将天麻蒸软，切片，生姜洗净切丝，老母鸡宰杀后去毛及内脏，将天麻片和姜丝填于鸡腹中，放入炖锅，加清水适量，武火煮沸，再改用文火炖至鸡熟烂即可。宜3~5人食用。

7.**平肝息风，大补元气** 天麻10克，人参5克，枸杞子15克，香菇25克，老母鸡1只。将老母鸡收拾干净，去头、爪、内脏；天麻、人参、枸杞洗净；香菇洗净泡发。将天麻、人参、枸杞子装入鸡腹内。将整只鸡和香菇放入高压锅，加适量水炖熟即可。宜3~5人食用。

[**使用注意**] 气血虚者慎用。

续 断
Xuduan

[来源] 为川续断科植物续断*Dipsacus asperoides* C.Y.Cheng et T.M.Ai的根入药。

[民族药名] 哈尼族：莫俄俄沙；彝族：阿乃窝避。

[别名] 鼓槌草、和尚头。

[生长环境] 生于海拔2000~3400米的土层深厚的山坡草地、沟边。

[药性] 辛、苦，微温。归肝、肾经。

[功效] 补肝肾，强筋骨，调血脉，止崩漏。

[药用方法]

1.背痛 续断15克，焦山楂25克，桑寄生20克，狗脊20克。焦山楂研末开水服，其他三味水煎服。1日1剂，分3次服。

2.肾虚腰痛 续断、熟地、牛膝、杜仲、狗脊各20克，水煎服。

3.体虚畏寒，四肢厥冷，腰膝酸软 续断10~15克，水煎服。

[普洱民间食用方法]

1.骨折 续断10克，当归10克，骨碎补15克，与新鲜猪排或牛排骨250克，炖煮1小时以上，汤肉共进，连服2周。

2.接骨续筋 续断、骨碎补各6克，白糖30克，鲜活河蟹250~300克。将续断、骨碎补混合粉碎；鲜活河蟹去泥污，连壳捣碎，以纱布过滤取汁，装入碗中，加入续断、骨碎补及白糖，锅中加少

许水，把碗放入锅中蒸30分钟呈膏状即成。温服，每日1次，晚间服用。7日为一个疗程。

3.**水肿** 续断10克，猪腰子1对。将药材洗净与猪腰子放入锅中炖1小时以上，调味即可。宜2~3人食用。

[**使用注意**] 风湿热痹者忌服，恶雷丸，初痢勿用，怒气郁者禁用。

小 蓟
Xiaoji

[来源] 为菊科植物小蓟 *Cirsium setosum* Kitam.的地下部分入药。

[别名] 鸡刺根、小刺盖、刺菜、猫蓟、青刺蓟。

[生长环境] 生长于荒地、草地、山坡林中、路旁、灌丛中、田间、林缘及溪旁。有人工栽培做药用。

[药性] 甘、苦，凉。归心、肝经。

[功效] 凉血止血，散瘀解毒消痈。

[药用方法]

1.吐血，衄血 小蓟根鲜品30克，捣碎绞汁，取汁分2次内服。

2.妇女外阴瘙痒 小蓟适量，水煎洗。1日1剂，1日2次。

[普洱民间食用方法]

尿血，尿频，尿急，尿痛 小蓟根鲜品30克，白茅根30克，水煎服。

[使用注意] 脾胃虚寒而无瘀滞者忌服。

小 荨 麻

Xiaoxunma

[来源] 为荨麻科植物小荨麻 *Urtica dioica* L. 的全草入药。

[民族药名] 彝族：昂妥盆。

[别名] 小钱麻、小缉麻。

[生长环境] 生长于较阴湿的山谷、村边路旁草丛或沟旁。

[药性] 苦，寒；有小毒。归肝、肠经。

[功效] 清火解毒，清肝定惊，止咳平喘。

[药用方法]

1.**皮肤瘙痒** 小荨麻适量，水煎服。

2.**哮喘** 小荨麻根15克，饴糖10克，煎服。

3.**风火眼疾、肿痛** 小荨麻100克，煎水熏洗。

[普洱民间食用方法]

小儿高热、惊风、跌打损伤、风湿骨痛 新鲜小荨麻适量，鸡蛋1～2枚。将新鲜小荨麻洗净，开水烫煮，鸡蛋调成蛋液加入，最后加入油盐即可，食药喝汤。宜2~3人食用。

[使用注意] 脾胃虚寒者慎服。

夏 枯 草
Xiakucao

[来源] 为唇形科植物夏枯草*Prunella vulgaris* L.的地上部分入药。

[民族药名] 哈尼族：热奥拍席；彝族：帕能罕。

[别名] 棒槌草、铁色草、大头花、夏枯头。

[生长环境] 生长于海拔1400～3000米的潮湿荒坡、林缘、路旁、水边。

[药性] 苦、辛，寒。归肝、胆经。

[功效] 清肝泻火，明目，散结消肿。

[药用方法]

1.急慢性肝炎 夏枯草15克，玉米须20克，大枣30克，水煎煮。

2.瘰疬，乳痈 夏枯草15克，橘子叶10克，大枣10克，水煎服。

3.肠炎，痢疾 夏枯草5～10克，水煎服，红糖为引。

[普洱民间食用方法]

1.润肠清热，通便，排毒 夏枯草、海船皮、仙人掌、黄草、牛蒡子根、竹叶参、威灵仙、何首乌、草果叶各30~50克，猪排骨500~1000克。上述药材洗净备用，猪排骨洗净切块。先将猪排骨与夏枯草、海船皮、黄草、威灵仙、何首乌煮30分钟后加入剩余药材，煮1小时后即可，宜3~5人食用。

2.黄疸 夏枯草、茵陈、板蓝根、虎杖各15克，红枣30克，鸡蛋3个，鸡蛋煮至五分熟后，将蛋壳打损裂，与上述药共煎（文火）半小时，剥去蛋壳，药汤及蛋内服，日服3次。

[使用注意] 脾胃虚弱者慎服。

小 茴 香
Xiaohuixiang

[来源] 为伞形科植物茴香 *Foeniculum vulgare* Mill.的根和干燥成熟果实入药。

[民族药名] 哈尼族：霍一猜；彝族：气想。

[别名] 茴茴香、怀香、谷香、香丝菜。

[生长环境] 生于沟边、路旁，多为园地栽培。

[药性] 辛，温。归肝、肾、脾、胃经。

[功效] 散寒止痛，理气和胃。

[药用方法]

1.**温肝散寒，行气止痛** 小茴香10克，红糖适量。小茴香煎水取汁，加红糖适量，温服。

2.**小儿腹泻** 小茴香10克，茶叶2克，水煎服。每日2~3次。

3.**胃痛吐酸水** 小茴香、干姜、甘草各9克，薄荷6克。共研为末，另加小苏打120克混匀，在疼痛难忍时服3克，饭前服1.5克可预防疼痛。

4.**痛经** ①小茴香15克，葱白3根，水煎服。每日2次。②小茴香15克，生姜4片。煎汁，每天分3次服，连服3~4天。经前3天开始服用。③小茴香10克，大枣10个，干姜6克，水煎服。每日1~2次。

5.**胁痛** 小茴香3克，将小茴香油炸成焦黄色，研细末，分2～3次服，每日2次。

6.**白带过多** 小茴香10克，干姜6克，韭菜根15克，水煎服。每日1～2次。

[**普洱民间食用方法**]

1.**风热咳嗽、咽喉肿痛、风疹作痒** 鲜茴香根和牛蒡子各100克，排骨500克。配料洗净切制后加水炖服，食药喝汤吃肉。宜3~5人食用。

2.**胃寒痛、小腹冷痛、痛经** 鲜茴香根、鲜鸡刺根各50克，母鸡1只。将茴香根、鸡刺根、母鸡洗净切制后加水适量，慢火炖服，食药吃肉喝汤。

[**使用注意**] 阴虚火旺者慎用。

小 红 蒜

Xiaohongsuan

[来源] 为鸢尾科植物小红蒜*Eleutherine plicata* Herb.的鳞茎入药。

[民族药名] 哈尼族：腮谷谷内；傣族：怕波亮。

[别名] 红蒜、小红辣椒、红葱。

[生长环境] 对土壤条件要求不严格，可在多种土壤上种植。

[药性] 甘、辛，微温。

[功效] 清热凉血，活血通经，消肿解毒。

[药用方法]

1.**月经不调** 小红蒜20克，沙针根25克，小红参20克，大叶千斤拔15克，芦子藤15克，水煎，内服。以酒为引。每日1剂，分3次服，3剂为一个疗程。

2.**血崩** 小红蒜、百草霜、茜草各30克，水煎服。

[普洱民间食用方法]

1.**贫血、产后虚证** 小红蒜炖猪脚长期服用。

2.**月经过多、衄血** 鲜小红蒜100克，鲜小红参100克，猪手500克。将上述药材洗净，加适量冷水将药材煮沸，与洗净切好的猪手一同放入砂锅，加入适量油盐、姜葱调味，慢火炖煮，1~2小时即可，食药吃肉喝汤。

薏 苡 仁
Yiyiren

[来源] 为禾本科植物薏苡 *Coix lacryma-jobi* L.var. *ma-yuen* (Roman.) Stapf 的干燥成熟种仁入药。

[民族药名] 哈尼族：能罕尼球、麻波妈果由；彝族：迷黑蛆诺赋。

[别名] 薏米、苡仁、米仁、芦谷米、绿谷米、五谷根。

[生长环境] 多生于湿润的屋旁、河沟边、山谷、溪涧或易受涝的农田等地方，海拔200~2000米处常见。

[药性] 甘、淡，凉。归脾、胃、肺经。

[功效] 利水渗湿，健脾止泻，除痹，排脓，解毒散结。

[药用方法]

1.小儿水痘 薏苡仁、绿豆各30克，水煎服。每日3次。

2.新生儿黄疸 薏苡仁3克，山楂2克，水煎服。每日1~2次。

3.痤疮 薏苡仁50克，白糖适量，薏米煮成粥，加白糖调服。每日1~2次。

4.用于膀胱炎，尿道炎，肾炎水肿 薏苡仁50克，鲜灯芯草30克，鲜车前草30克，海金沙15克，水煎内服。

[普洱民间食用方法]

1. 健脾益胃，排脓托毒，利湿消肿 薏苡仁 30~60 克。煮烂成粥，加糖食用。

2.水肿 薏苡仁、赤小豆等份，同煮吃。

3.气血亏虚、产后缺乳 薏苡仁200克，猪蹄2个，精盐、料酒、葱、姜、胡椒粉各适量，将薏苡仁拣净杂质，洗去泥沙。猪蹄收拾干净，放入沸水锅内焯一会，捞出清水洗净。将薏苡仁、猪蹄、葱、姜、料酒、盐同入锅中，加适量清水，武火烧沸，改文火炖至熟烂，加胡椒、盐调味即可。宜3~4人食用。

[**使用注意**] 津液不足者慎用。

薏苡根

Yiyigen

[来源] 为禾本科植物薏苡 *Coix lacryma-jobi* Linn. 的干燥根入药。

[民族药名] 哈尼族：能罕尼球、麻波妈果由；彝族：迷黑蛆诺赋。

[别名] 芦谷根、薏米根。

[生长环境] 多生于湿润的屋旁、河沟边、山谷、溪涧或易受涝的农田等地方，海拔200~2000米处常见。

[药性] 甘、淡，凉。归肺、肝、肾、膀胱、大肠经。

[功效] 清火解毒，利水消肿，化石排石，健脾杀虫。

[药用方法]

驱蛔虫 薏苡根15克，棕树根6克，水煎服。

[普洱民间食用方法]

1.尿血 鲜薏苡根200克，水煎服。

2.白带过多 薏苡根50克，红枣12克，水煎服。

[使用注意] 脾胃虚弱、食少便溏者慎用。

云 南 松 叶 防 风

Yunnan songye fangfeng

[来源] 为伞形科防风属植物松叶防风 *Seseli yunnanense* Franch. 的根入药。

[民族药名] 彝族：摸帕能崴。

[别名] 竹叶防风、云防风、松叶防风。

[生长环境] 生于海拔1600~2500米针阔混交林下。

[药性] 辛、甘，温。归膀胱、肝、脾经。

[功效] 解表祛风，胜湿，止痉。

[药用方法]

1.**目赤肿痛**　云南松叶防风、桑叶、菊花、栀子各10克，1日1剂，水煎400毫升，分2~3次服。

2.**治偏头痛**　云南松叶防风、白芷、小苏荷各9克，1日1剂，水煎400毫升，分2~3次服。

[普洱民间食用方法]

1.**感冒风寒、发热畏冷、恶风自汗、风寒痹痛、关节酸楚、肠鸣腹泻**　鲜云南松叶防风100克，葱白2棵，粳米100克。先将云南松叶防风择洗干净，放入锅中，加清水适量，同葱白煎煮取药汁备用。粳米洗净煮粥，待粥将熟时加入药汁，煮成稀饭，趁热食用，每日2次，连服2~3日。宜5~8人食用。

2.**胸腹寒胀，风湿性腰腿痛者**　鲜云南松叶防风80克，猪蹄1只。云南松叶防风洗净切段，猪脚洗净切块，将云防风与猪蹄同煮，煮沸去浮沫，加入适量食盐调味，小火煮约1小时即可。宜3~5人食用。

3.**容易感冒、畏风怕冷、体虚多汗者**　云南松叶防风、黄芪、白术各10克，红枣10枚，牛肉250克。将牛肉洗净切块，放入水中煮沸，撇掉血沫，3分钟后捞起牛肉，在凉水中过一遍；将云南松叶防风、白术、红枣、黄芪放进锅里，搅拌均匀，用大火煮半小时后把牛肉块放入药汤锅里，改用小火煮2小时，将云南松叶防风、黄芪、白术拣出，加入盐、葱、姜，继续用大火煮8分钟后即可。宜3~5人食用。

[使用注意]　阴血亏虚、热病动风者不宜使用云南松叶防风。元气虚，病不因风湿者禁用云南松叶防风。

余 甘 子
Yuganzi

[来源] 为大戟科植物余甘子*Phyllanthus emblica* Linn.的果实和树皮入药。

[别名] 滇橄榄、橄榄、油柑子。

[生长环境] 生于山坡、草地、林边。

[药性] 甘、酸、涩，凉。归肺、胃经。

[功效] 清热凉血，消食健胃，生津止咳。

[药用方法]

1.**咽喉干燥、疼痛及咽喉炎** 余甘子30克，金银花25克，野菊花15克，上述三味加水1000毫升，用武火煮，滤取药汁。1日1剂，1日3次。

2.**咳嗽，咽痛** 余甘子20个，水煎服。1日1剂，1日3次。

[普洱民间食用方法]

1.**食积呕吐，腹痛泄泻** 鲜余甘子5~10个，或盐渍果5~8个，嚼食。

2.**消食健胃，生津止渴** 余甘子20克，鱼腥草30克，臭药20克，猪肚1副，葱、姜、盐适量。配料洗净后，将以上三味药材加水适量，与猪肚一起煮熟，连渣带汤一起服用，1日1次。宜2~3人食用。

3.**养心安神，润肺生津** 余甘子、苘心草、满山香、鸡刺根各30克，猪心肺1副。将几种药材洗净切制后用冷水浸泡30分钟，同洗净切制好的猪心肺一起放入锅内，加入冷水适量，煮约2小时，加入适量食盐即可。宜2~3人食用。

[使用注意] 脾胃虚寒者不宜多服。

鱼 腥 草
Yuxingcao

[来源] 为三白草科植物蕺菜 *Houttuynia cordata* Thunb. 的全草入药。

[民族药名] 哈尼族：丫莫细、沙苦沙脑；傣族：帕蒿短、帕怀。

[别名] 蕺菜、鱼鳞草、折耳根。

[生长环境] 生于沟边、田埂、地边、溪边草丛中。现有作蔬菜栽培。

[药性] 辛，微寒。归肺经。

[功效] 清热解毒，消痈排脓，利尿通淋。

[药用方法]

1.肺热咳嗽 鲜鱼腥草、鲜车前草各30克，水煎服。

2.痈疮初期未溃烂者 鲜鱼腥草100克，水煎服；另取鲜鱼腥草适量捣烂敷患处。

3.热淋，白浊，白带 鱼腥草30克，水煎服。

[普洱民间食用方法]

1.**清热解毒，利尿消肿** 鱼腥草嫩茎400克，精盐、味精、糖、醋、香油各适量。将鱼腥草嫩茎择洗干净，用盐煞，断生去腥，挤干水，装上盘浇上调料，拌匀即可。宜3~4人食用。

2.**胃肠炎、咽痛、口干** 鱼腥草30克，臭药20克，余甘子20克，猪肚1副，葱、姜、盐适量。配料洗净后，将以上三味药材加水适量，与猪肚一起煮熟，连渣带汤一起服用，宜2~3人食用，1日1次。

[使用注意] 本品含挥发油，不宜久煎。虚寒证及阴虚疮疡忌服。

玉 米 须
Yumixu

[来源] 为禾本科植物玉蜀黍 *Zea mays* L.的花柱及柱头入药。

[民族药名] 哈尼族：猜肚美磨。

[别名] 包谷须、玉蜀黍须、蜀黍须。

[生长环境] 对土壤条件要求并不严格，可以在多种土壤上种植。

[药性] 甘，平。归膀胱、肝、胆经。

[功效] 利水消肿，利湿退黄。

[药用方法]

1.水肿 玉米须60克，水煎服，忌食盐。

2.**肾脏炎，初期肾结石** 玉米须，分量不拘，煎浓汤，频服。

3.**高血压、肾炎引起的水肿** 玉米须、萝芙木各适量，水煎服。

4.糖尿病 玉米须30克，水煎服。

5.**原发性高血压** 玉米须、西瓜皮、香蕉各30克，水煎服。

[普洱民间食用方法]

1.**吐血、红崩** ①玉米须10克（鲜品50克）煎水炖肉服。②鲜玉米须、鸡刺根各50克，煎水炖肉服。

2.**利尿、降压、利胆和止血等保健作用** 每次取玉米须、茶叶各8～12克，以沸水冲泡代茶饮。

3.**盗汗、消肿** 玉米须60克、红糖30克，加冰糖适量煎服，日服3次。

[使用注意] 煮食去苞须。不作药用时勿服。

鸭跖草

Yazhicao

[来源] 为鸭跖草科鸭跖草属植物*Commelina communis* L.的地下部分入药。

[民族药名] 哈尼族：莫对；傣族（西傣）：怕哈难。

[别名] 小红参、地地藕、水竹子叶、竹叶活血丹。

[生长环境] 生于湿润阴处，沟边、路边、田埂、荒地、宅旁墙角、山坡及林缘草丛中常见，可人工栽培。

[药性] 甘、淡，寒。归肺、胃、小肠经。

[功效] 清热泻火，解毒，利水消肿。

[药用方法]

1.咽喉肿痛 鸭跖草15克，桑叶15克，水煎服。

2.尿路感染 鸭跖草15克，玉米须20克，水煎服。

3.鼻衄、尿血、血淋、白带崩红 鸭跖草15~30克，水煎服。

[普洱民间食用方法]

1.水肿，腹水 鲜鸭跖草30~50克，水煎服。

2.黄疸性肝炎 鲜鸭跖草100克，猪瘦肉200克，水炖，服汤食肉，每日1剂。

3.高血压 鲜鸭跖草30克，蚕豆花10克，水煎，当茶饮。

[使用注意] 脾胃虚弱者慎用。

栽秧泡
Zaiyangpao

[来源] 为蔷薇科植物栽秧泡 *Rubus obcordatus* (Franch.) Nguyen van thuan.的果实及根入药。

[民族药名] 哈尼族：联我希；彝族：阿拉赛贼。

[别名] 栽秧泡、黄泡、大红黄泡叶。

[生长环境] 生于海拔1300~2700米的山坡、路边、林缘、疏林、灌木丛中。

[药性] 酸、涩，温。

[功效] 消肿止痛，收敛止泻。

[药用方法]

1.腹泻 栽秧泡根25克，相思豆根15克，水煎服。

2.风湿关节痛，手足麻木 栽秧泡15~30克，泡酒服。

[普洱民间食用方法]

1.痢疾 栽秧泡9~15克，红糖为引，水煎服。

2.牙痛，咽喉痛，筋骨酸痛，月经不调 栽秧泡10~15克，水煎服。

蜘 蛛 香
Zhizhuxiang

[来源] 为败酱科植物蜘蛛香 *Valeriana jatamansi* Jones.的根茎及根入药。

[民族药名] 哈尼族：耶哈耶造；彝族：因喜贝齐。

[别名] 马蹄香、土细辛、心叶缬草、养心莲、养血莲、臭药、乌参、猫儿屎、老虎七、香草。

[生长环境] 生于海拔 1000～2900 米的阴湿沟边、山顶草地。

[药性] 微苦、辛，温。归脾、胃、大肠经。

[功效] 理气健脾，止痛止泻，祛风除湿。

[药用方法]

1. **胃气痛** ①蜘蛛香 3 克。切细，开水吞服。②蜘蛛香 9 克。煨水服。

2. **慢性胃炎** 蜘蛛香 20 克，重楼 15 克，香附 20 克，肉桂 20 克，陈皮 15 克。研末，开水冲服。每次服 2.5 克。

3. **感冒** 蜘蛛香 15 克，生姜 3 克，煎水服。

4. **消化不良** 蜘蛛香 15 克，滇威灵仙草 10 克。研末分 3 次服用，温开水送服。

5. **毒疮** 蜘蛛香磨醋，取汁外擦患处。

[普洱民间食用方法]

1. **心脏病** 鲜蜘蛛香、天麻、苘心草各 50 克，猪心 1 个。诸药洗净，与猪心同煮 1 小时左右，红糖为引，食药喝汤吃肉。1 日 3 次，连服 3 天。

2. **慢性胃炎** 蜘蛛香 30 克，猪肚（胃）1 个。冷水煎煮 1 小时左右，服食汤、药渣及肉。

3. **呕泻腹痛** 蜘蛛香，石菖蒲各 15 克。炖酒服。

[使用注意] 阳虚气弱及孕妇忌用。